Günther/Götting · Begegnungen mit Albert Schweitzer

Siegwart-Horst Günther
Gerald Götting

Was heißt Ehrfurcht vor dem Leben?

Begegnung mit Albert Schweitzer

Mit dem Originaltext seiner Schrift »Die Lehre der Ehrfurcht vor dem Leben« und einem Geleitwort seiner Tochter Rhena Schweitzer Miller

neues leben

ISBN 3-355-01709-4

Rosa-Luxemburg-Str. 39, 10178 Berlin

Titelentwurf: ansichtssache – Büro für Gestaltung
Fotos: Die in den Kapiteln abgebildeten Dokumente und Bilder stammen ausschließlich aus dem Besitz des jeweiligen Autors
Druck und Bindung: Salzland Druck, Staßfurt

Die Bücher des Verlages Neues Leben erscheinen in der Eulenspiegel Verlagsgruppe

www.verlag-neues-leben.de

Albert Schweitzer hat diese Erde 1965 verlassen, nachdem er über 50 Jahre in seinem Spital in Afrika gewirkt hat. Dieses Spital existiert nun seit über neunzig Jahren und kommt seiner Aufgabe, Menschen in Not zu helfen, immer noch nach. Und da alte Probleme wie Malaria noch immer nicht gelöst sind, und neue wie Aids und Ebola sowie ein Aufflackern von Tuberkulose hinzugekommen sind, erfüllt dieses Spital immer noch eine wichtige Rolle.

Mein Vater war aber nicht nur Arzt im afrikanischen Urwald. Er war auch Theologe, Musiker und besonders Philosoph, der sein Denken und Wirken auf dem Fundament des Prinzips der Ehrfurcht vor dem Leben aufbaute und in seinem Spital verwirklichte. Dort lebten weiße und schwarze Menschen in Harmonie mit Tieren und Pflanzen und Leiden fanden Erlösung. Und von dort erhob mein Vater seine Stimme, um vor der Gefahr der Atombomben und Atomtests zu warnen. Auch die heutige Welt sollte auf seine Stimme hören und nach Frieden auf unserer Erde trachten.

Es freut mich, wenn mit diesem Buch an meinen Vater Albert Schweitzer erinnert und sein Leben und Wirken besonders jungen Menschen nahegebracht werden soll.

Mit besten Wünschen und besten Grüßen

Rhena Schweitzer Miller

Rhena Schweitzer Miller
Pacific Palisades, Kalifornien

Wie der Baum Jahr für Jahr dieselbe Frucht jedesmal neu bringt,
müssen auch alle wertvollen Ideen im Denken der Menschheit
von Generation zu Generation neu geboren werden.

Eine neue Renaissance muß kommen, viel größer als die,
in der wir aus dem Mittelalter herausschritten:
die große Renaissance, in der die Menschheit entdeckt,
daß das Ethische die höchste Wahrheit und die höchste Zweckmäßigkeit ist,
und damit die Befreiung aus dem armseligen Wirklichkeitssinn erlebt,
in dem sie sich dahinschleppt.

Ein schlichter Wegbereiter dieser Renaissance möchte ich sein.
Ich habe den Mut zum Glauben an eine neue Menschheit,
weil ich überzeugt bin, daß die Gesinnung der Humanität,
die bisher nur als ein edles Gefühl galt,
in einer aus elementarem Denken kommenden,
allgemein mitteilbaren Weltanschauung begründet ist.
Damit besitzt sie eine Überzeugungskraft, über die sie bisher nicht verfügte,
und ist fähig, sich in energischer Weise
mit der Wirklichkeit auseinanderzusetzen und in ihr Geltung zu erlangen.

Albert Schweitzer,
in: Die Lehre der Ehrfurcht vor dem Leben, 1962

Vorbemerkungen

Albert Schweitzer (1875–1965) gab sein bürgerliches Leben in gesicherten Verhältnissen in Europa auf und ging nach Afrika. Der anerkannte Theologe, Musiker und Philosoph gründete 1913 in Lambaréné (damals Französisch-Äquatorialafrika, später Gabun) ein Tropenhospital, das bis heute existiert. Mit einfachen Mitteln organisierte er effektive Hilfe. Sein Credo (»Ehrfurcht vor dem Leben«) gilt unverändert als Motiv zu praktischem, uneigennützigem Handeln. Unzählige folgten und folgen ihm. Denn die Frage »Wozu lebt der Mensch?« stellt sich jede Generation neu. Persönlichkeiten wie Albert Schweitzer und die Beschäftigung mit ihnen helfen, den eigenen Platz in der Welt zu finden.

In dem Maße, wie die allgemeine Orientierungslosigkeit wächst, drängt auch die Debatte über Moral und Ethik in den Vordergrund. Es ist die notwendige Auseinandersetzung um die Zukunft der Menschheit. Sie wird meist unterschwellig und auf unterschiedlichen Feldern ausgetragen. Gleichwohl steht die Beantwortung der Fragen im Zentrum: Wie organisiert die Menschengemeinschaft ihr Zusammenleben, wie will sie künftig produzieren und die Reichtümer der Erde sowie die Errungenschaften der Zivilisation gerecht verteilen?

Albert Schweitzer hat auf diese existentiellen Fragen seine Antworten gefunden. Sie sind nicht dadurch überholt, daß er nunmehr seit vierzig Jahren tot ist. Im Gegenteil. Wer sich mit seiner Biographie und seinem Nachlaß beschäftigt, wird die Aktualität seiner Äußerungen entdecken.

Dabei hat es auch nie an Versuchen gemangelt, Schweitzer zu diskreditieren. Bereits zu Lebzeiten wurde der Friedensnobelpreisträger von 1953 angegriffen, weil er sich – von seinem Freund Albert Einstein animiert – gegen die Kernwaffen aussprach. In mehreren weltweit verbreiteten Rundfunkansprachen aus Oslo verurteilte er die Nuklearmächte wegen ihrer Atombombenversuche. Nach der Explosion würden radioaktive Staubpartikel in der Erdatmosphäre rund um die Welt treiben und diese verseuchen, erklärte er, und forderte darum den sofortigen Stopp der Atomwaffentests. Sein »Appell an die Menschheit« 1957 wurde von 140 Rundfunkstationen übernommen. Mit seiner zweiten Rede (»Frieden oder Atomkrieg«) im Jahr darauf mobilisierte er die Welt. In Norwegen unterschrieben spontan eine Viertelmillion Menschen eine Petition, mehrere Regierungen und Parlamente forderten ein rasches Ende der Tests. Der Deutsche Bundestag trat zu einer Sondersitzung zusammen und verlangte ebenfalls einen sofortigen Stopp, die DDR-Volkskammer unterstützte eine Regierungserklärung Grotewohls, in der beide deutsche Staaten aufgefordert wurden, sich gemeinsam bei den Großmächten um eine atomwaffenfreie Zone in Zentraleuropa zu bemühen. In Großbritannien wurde der Philosoph Bertrand Russell aktiv, in der UdSSR der Atomphysiker Andrej Sacharow. Moskau beschloß daraufhin ein befristetes Atomwaffentest-Moratorium in der Erwartung, daß sich Washington dem anschließen würde.

Das passierte nicht.

Stattdessen wurde Albert Schweitzer in den USA zur *persona non grata* erklärt. Das wurde jedoch erst Jahrzehnte später publik. Das Weiße Haus hatte den Urwaldarzt auf eine »Schwarze Liste« unerwünschter Personen gesetzt. Wie die Wissenschaftszeitschrift *Bulletin of the Atomic Scientiests* 1995 berichtete, unterblieb zudem auf Geheiß der Eisenhower-Administration die Vergabe der Ehrendoktorwürde durch die Universität Princeton, die offiziellen Glückwünsche der US-Regierung zum 84. Geburtstag fielen auf Betreiben General Goodpasters aus, und *CBS* nahm kurzfristig eine Radiosendung über Schweitzer aus dem Programm. Allen US-Bürgern und Dienststellen wurden offizielle Kontakte zu Albert Schweitzer in Lambaréné untersagt.

Erst 1963, nach dem Abschluß des Atomtestabkommens, verbesserte sich Schweitzers Ansehen in den USA wieder. Dazu trug auch der Schriftwechsel mit J. F. Kennedy bei. In einem Brief an den neuen US-Präsidenten erkundigte sich Schweitzer bei diesem, warum er sich auf das Drängen des »überaus unsympathischen Kriegsministers Franz Josef Strauß« einlasse, Atomwaffen zu erlangen. Und der Pazifist aus dem Urwald wagte zu vermuten, »daß die Sowjetunion vielleicht doch nicht ganz so bösartig ist«. Im Herbst 1962 hatte Schweitzer Kennedy wissen lassen, »Enscheidungen in völkerentzweienden Fragen« – womit er die akute Kuba-Krise meinte – könnten »nicht mehr Kriegen überlassen werden«. Auch anderenorts erklärte Albert Schweitzer: »Ich bin zutiefst überzeugt, daß wir den Krieg aus ethischen Gründen ablehnen müssen.«

Die substantielle Korrespondenz Albert Schweitzers mit dem US-Präsidenten J. F. Kennedy endete wegen dessen Ermordung in Dallas 1963.

Bundespräsident Theodor Heuss hatte 1951 bei der Verleihung des Friedenspreises in der Frankfurter Paulskirche seinem Freund Albert Schweitzer noch zugestanden, zwar kein Politiker, aber »aus einer metapolitischen Haltung heraus ein Politikum im Geistigen« zu sein. Ende der 50er Jahre kritisierte Heuss ihn jedoch als »Caféhauspazifisten«. (Und das, obgleich Pfarrer Schweitzer 1904 Elli Knapp und Theodor Heuss, mit denen er befreundet war, in Straßburg getraut hatte.) Die Tageszeitung *Die Welt* bedauerte in ihrer Ausgabe am 12. Juli 1995 diese folgenreiche Attacke des Bundespräsidenten auf Schweitzer im nachhinein und konstatierte verärgert: »Der Urwalddoktor verlor viele Anhänger.« Zeitgleich mit diesem Verdikt verlieh ihm die Stadt Frankfurt am Main 1959 demonstrativ die Ehrenbürgerschaft.

Doch auch lange nach seinem Tode kühlte mancher sein Mütchen an ihm. Der aus Kamerun stammende Regisseur Ba Kobhio präsentierte im Mai 1995 in Frankreich einen Film, der eher einen rassistischen Abenteurer denn einen selbstlos tätigen, idealistischen Helfer im afrikanischen Busch zeigte.

Derartige Entgleisungen konnten der insgesamt positiven Schweitzer-Rezeption wenig anhaben, das Interesse an Albert Schweitzer ist ungebrochen. Dafür sorgen weltweit unzählige Organisationen, Vereinigungen, Einrichtungen und Persönlichkeiten.

Und dennoch gibt es noch immer neue Entdeckungen. Trotz der Fülle der Publikationen finden sich gelegentlich Fotos und Dokumente, die bislang noch nie publiziert wurden. Natürlich, Schweitzers Biographie muß deshalb nicht umgeschrieben werden. Dennoch tragen solche interessanten, unbekannten Zeugnisse zur Ergänzung des Bildes bei.

Erstmals präsentieren wir in diesem Buch Aufnahmen, Briefe und Texte aus Lambaréné, die aus dem Privatbesitz von zwei Deutschen stammen.

Der eine, ein westdeutscher Arzt, arbeitete fast zwei Jahre an der Seite von Albert Schweitzer. Siegwart-Horst Günther, einst Häftling im KZ Buchenwald, folgte im Sommer 1963 einer Einladung Schweitzers, als er in Damaskus in Syrien als Hochschullehrer und Forscher tätig war. Der Katholik Günther arbeitete in der Klinik und in der Lepra-Station. Er setzte dort und danach an Tropeninstituten auf verschiedenen Kontinenten seine Forschungen fort.

Der andere, ein ostdeutscher Christdemokrat, besuchte Schweitzer zweimal in Lambaréné. Gerald Götting reiste 1960 gemeinsam mit dem Ostberliner Wissenschaftler Robert Havemann (1910–1982) über 6000 Kilometer nach Lambaréné, um Schweitzer zum 85. Geburtstag zu gratulieren. Der unmittelbare Auslöser der ersten Reise waren Schweitzers Appelle aus Oslo, denn Götting gehörte wie Prof. Havemann dem Deutschen Friedensrat an und suchte wie jener, den der Volksgerichtshof im Dezember 1943 zum Tode verurteilt hatte, mit allen Friedensbewegten auf dieser Erde den Gedankenaustausch.

Die Begegnungen mit Schweitzer in Lambaréné haben sowohl bei Günther wie auch bei Götting bleibende Spuren hinterlassen.

Prof. DDr. Günther lebt heute in St. Peter-Ording an der Nordsee, Gerald Götting im Süden Berlins. Beide sind jenseits der 80. Und beide erinnern sich vierzig Jahre nach dem Ableben von Albert Schweitzer dieser bedeutenden Persönlichkeit des 20. Jahrhunderts.

Schweitzer war sich übrigens nie klar, zu welchem Staat er gehörte. Er kam bekanntlich 1875 als Deutscher zur Welt und wurde nach dem Ende des Ersten Weltkriegs Franzose.

Heute würden wir sagen: Albert Schweitzer war Europäer.

Aber eigentlich gehört er der ganzen Welt.

Berlin, im Juli 2005

Prof. Dr. Gerhard Fischer,
Mitglied der Generalversammlung der
Internationalen Albert-Schweitzer-Vereinigung (AISL), Frankfurt am Main;
von 1963 bis 1991 verantwortlicher Redakteur
der Albert-Schweitzer-Rundbriefe

Erinnerungen an Lambaréné
von Siegwart-Horst Günther

Meiner lieben Frau Ulrike
und unseren Kindern Chrestin, Paul und Michael

Prof. DDr. Siegwart-Horst Günther, Jahrgang 1925, ist Vizepräsident der Albert-Schweitzer-Weltakademie für Medizin. Er wurde im Mai 2003 in dieses Amt für fünf Jahre gewählt. Rhena Schweitzer Miller, die Tochter des Urwaldarztes, ist die Ehrenpräsidentin der Akademie, die in Warschau ihren Sitz hat.
Der Akademie gehören 252 Universitätsprofessoren aus 71 Ländern an, darunter sind 22 Nobelpreisträger.

Prof. Günther arbeitete von 1963 bis 1965 in Lambaréné. Seitdem engagiert er sich in verschiedenen internationalen Organisationen, die sich im Sinne Schweitzers dem Leben verpflichtet fühlen. Das trug ihm etliche Ehrenämter und viele Auszeichnungen ein. So verlieh ihm 1994 »The Open International University for Complementary Medicines« in Sri Lanka den Titel »Knight of the Royal Order of Peace and Justice«; seither darf er sich »Sir« nennen. Sir Günther ist zudem Träger des Ehrenpreises der Österreichischen Albert-Schweitzer-Gesellschaft. Im Juni 1988 wurde er zum Präsidenten der Internationalen Albert-Schweitzer-Gesellschaft gewählt, im Juli 1989 gründete er mit vielen anderen die »European Albert Schweitzer Association« (EASA). Siegwart-Horst Günther führte zu Beginn der 90er Jahre den Nachweis, daß die im Golfkrieg 1991 eingesetzten westlichen Streitkräfte uranabgereicherte, sogenannte DU-Munition benutzten, was zunächst von diesen bestritten worden war.

Für sein ausdauerndes Engagement wurde Prof. DDr. Siegwart-Horst Günther wiederholt von internationalen Hilfsorganisationen für den Alternativen und Friedensnobelpreis vorgeschlagen.

Bei Albert Schweitzer im Urwald-Hospital

Im August 1963 treffe ich mit einiger Verspätung in Gabun ein. Ich bin direkt von Damaskus nach Libreville geflogen. Das Land in der Nähe des Äquators war im 15. Jahrhundert von den Portugiesen kolonisiert worden. Die erste Missionare kamen 1521, später legten die Jesuiten Plantagen an, auf denen sie Tausende von Sklaven hielten. Im 19. Jahrhundert übernahmen die Franzosen das Land. 1849 gründeten entlassene Sklaven Libreville, die heutige Hauptstadt Gabuns. Am Ogowe, dem wichtigsten Fluß des Landes, ließen sich 1860 amerikanische Missionare nieder. Der Fluß, etwa 1200 Kilometer lang und nur auf 350 Kilometer befahrbar, stellt noch immer die wichtigste Verkehrsader dar, als ich dort eintreffe.

Das Land ist erst drei Jahre zuvor von Frankreich in die Unabhängigkeit entlassen worden und besitzt nicht eine Eisenbahnstrecke. Die erste – ein 700 Kilometer langes Gleis zwischen Libreville und Franceville – sollte erst im November 1986 eingeweiht werden. Der Bau gilt als eines der teuersten Eisenbahnprojekte der Welt.

Auf etwa einer Viertelmillion Quadratkilometer Land – was nicht ganz so groß ist wie die Bundesrepublik – leben etwas mehr als eine Million Menschen. Das sind fünf auf dem Quadratkilometer. Sie gehören etwa vierzig verschiedenen ethnischen Gruppen an, darunter Bantu und die fast gänzlich verdrängten Pygmäen.

Noch in den 60er Jahren wird das Landesinnere, das im wesentlichen aus einem bis zu 1.000 Meter hohen Bergland besteht, von einem geschlossenen tropischem Regenwald bedeckt.

Das im Norden von Kamerun und im Osten und Süden von der Republik Kongo umschlossene Land ist reich an Bodenschätzen. An der Küste und auf dem Schelf fördert man Erdöl, mit dessen Export 40 Prozent der Staatseinnahmen und 80 Prozent der Exporterlöse erzielt werden. Allerdings sollen laut jüngsten Prognosen 2008 die Öl-Reserven erschöpft sein, was möglicherweise dramatische Konsequenzen für den Staatshaushalt bedeutet. Es werden aber auch Mangan, Uran, Eisenerz und Gold abgebaut.

Als ich im August 1963 mit LKW und Boot zum Urwaldhospital in Lambaréné fahre, liegt dies noch alles in der Zukunft. Die Gegenwart sieht so aus: Ich bin 38 Jahre alt – mein neuer Chef bereits 88. Was weiß ich von ihm sonst noch? Alles und eigentlich nichts. Ich kenne die Daten: 1875 im Elsaß geboren, Theologie- und Philosophiestudium, danach noch ein Medizinstudium. 1913, mit 38, hatte er das Urwaldhospital in Lambaréné gegründet, das weltberühmt geworden war, weil Dr. Albert Schweitzer seine vielseitigen Talente in den Dienst dieser beispielgebenden Einrichtung gestellt hatte. Als Musiker setzte er Maßstäbe bei der Neuinterpretation von Bachs Orgelwerken, als Theologe erforschte er das Leben Jesu, und als Tropenarzt leistete er einen wichtigen wissenschaftlichen Beitrag in der Medizin. Er schrieb Bücher und drehte Filme, die um die Welt zogen. Damit sammelte er Geld für seine Patienten und das Hospital. 1951 wurde ihm der Friedenspreis des Deutschen Buchhandels, bald darauf der Friedensnobelpreis verliehen.

In der Welt feiert und verehrt man ihn – in den USA galt er zeitweise kommunistischer Sympathien verdächtig: Er hatte seine Stimme gegen die Atombombe erhoben. Auch in der Bundesrepublik mögen ihn manche nicht, weil er mit Walter Ulbricht zur deutschen Frage korrespondierte, die Schweitzer nur durch die Wiedervereinigung beantwortet sehen will. Für Unterstützung aus dem Ausland ist Berlin dankbar, zumal die zweite deutsche Republik außenpolitisch weitgehend isoliert ist. Wenn ein Mann mit hohen ethischen Grundsätzen, der weltweit auch wegen seiner Unabhängigkeit geachtet ist, sich zur deutschen Frage äußert, hat das Gewicht. In diesem Punkte teile ich die Positionen der DDR, die ich 1956 als Professor verließ, weil ich einem Ruf der Universität in Kairo folgte. Seither hatte ich mich aber nicht nur geographisch von diesem Staat entfernt. Ich verließ Syrien bereits mit einem westdeutschen Paß.

Ich weiß also einiges über Albert Schweitzer. Ich habe Bücher von ihm und über ihn gelesen, kenne Zeitungsbeiträge, die seine Arbeit unter den Ärmsten der Armen beschrieben und ihn als Symbol der Menschlichkeit herausstellten. Das Bild des schnauzbärtigen alten Herrn mit dem Tropenhelm ist mir sehr vertraut.

Vor sechs Jahren war seine aus jüdischem Hause stammende Frau Helene Breßlau gestorben, mit der er eine Tochter, Rhena, hatte.

Als ich nach einer sehr langen Reise im Urwaldhospital ankomme, schließt mich Albert Schweitzer in seine Arme, als kennten wir uns bereits seit Jahrzehnten. »Schön, daß du kommst und uns helfen willst«, sagt er.

Ich bin gerührt von diesem herzlichen Empfang.

Er bittet mich zunächst in sein Arbeitszimmer, um über das Hospital

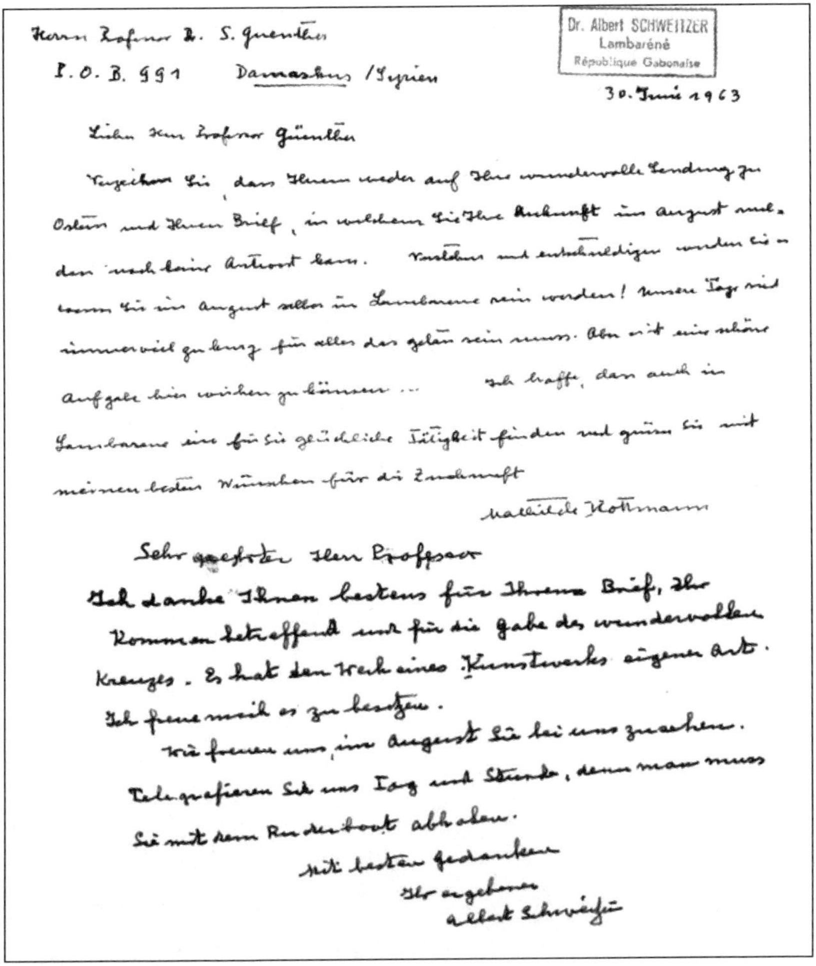

Herrn Professor D. S. Guenther
P.O.B. 991 Damaskus / Syrien

Dr. Albert SCHWEITZER
Lambaréné
République Gabonaise

30. Juni 1963

Lieber Herr Professor Günther

Verzeihen Sie, dass Ihnen weder auf Ihre wundervolle Sendung zu Ostern und Ihren Brief, in welchem Sie Ihre Ankunft im August melden noch keine Antwort kam. Verstehen und entschuldigen werden Sie es, wenn Sie im August selbst in Lambarene sein werden! Unsere Tage sind immer viel zu kurz für alles das getan sein muss. Aber es ist eine schöne Aufgabe hier wirken zu können ... Ich hoffe, dass auch in Lambarene eine für Sie glückliche Tätigkeit finden und grüsse Sie mit meinen besten Wünschen für die Zukunft

Mathilde Kottmann

Sehr geehrter Herr Professor

Ich danke Ihnen bestens für Ihren Brief, Ihr Kommen betreffend und für die Gabe des wundervollen Kreuzes. Es hat den Wert eines Kunstwerks eigener Art. Ich freue mich es zu besitzen.

Wir freuen uns, im August Sie bei uns zu sehen. Telegrafieren Sie uns Tag und Stunde, denn man muss Sie mit dem Ruderboot abholen.

Mit besten Gedanken
Ihr ergebener
Albert Schweitzer

Einladung Schweitzers an Günther vom 30. Juni 1963, von Damaskus nach Lambaréné zu kommen

und die Arbeit zu reden, die mich erwartet. Obgleich er bereits auf die 90 zugeht, ist Dr. Schweitzer bewundernswert vital und geistig rege. Noch nie zuvor habe ich einen Menschen dieses Alters erlebt, der derart rüstig wirkt. Und das trotz des tropischen Klimas, das uns umfängt. Auf die extreme Hitze angesprochen, meint er, daß in etwa zwei Wochen die Trockenzeit zu Ende gehe. Von Mitte Mai bis Mitte September falle kein Tropfen. Danach aber öffne der Himmel seine Schleusen. Wenn der Urwald dampfe, würde der Kreislauf von uns Europäern noch mehr belastet werden. Er hingegen habe sich in dem halben Jahrhundert daran gewöhnt. Gleichwohl mußte er dreizehnmal den Aufenthalt unterbrechen und ins gemäßigte Klima Europas reisen.

Neuankömmlinge hätten es besonders schwer. Aber, er lächelt verschmitzt aus seinen gütigen Augen, ich sei ja noch jung und werde damit gewiß keine Probleme haben. Außerdem hätte ich ja bereits in Ägypten und im Nahen Osten hinlänglich für die Tropen trainiert.

Trotzdem rate er mir als Mitteleuropäer, nicht länger als zwei Jahre in Lambaréné zu bleiben. Die Luftfeuchtigkeit am Ogowe sei hoch, an manchen Tagen sähe man im Dunst nicht das andere Ufer.

Derzeit seien vier Ärzte im Hospital. Ein staatenloser Ungar, ein Japaner und zwei Schweizer. Nunmehr wäre ich als Deutscher hinzu gestoßen. Jeder der Ärzte hätte einen einheimischen Mitarbeiter, der vor allem als Dolmetscher benötigt werde. Diese beherrschten die Stammessprachen Fang und Galoa, womit man, obwohl es noch sehr viele andere Sprachen gäbe, ganz gut über die Runden käme.

Der Tagesablauf sähe so aus: 6 Uhr läuteten die Glocken, gegen 7 Uhr frühstückten wir gemeinsam, danach beginne jeder sein Tagwerk. Seines bestünde im wesentlichen aus der Erledigung der Korrespondenzen. An

Ankunft in Lambaréné – das Urwaldhospital, vom Ogowe gesehen

Wohnhaus Albert Schweitzers

zwei Tagen in der Woche würde operiert. Er selbst täte es nicht mehr, doch er stünde im OP den Operateuren zur Seite.

Nach der Einweisung machen wir einen kurzen Rundgang durch das aus stabilen Holzbaracken bestehende Hospital, wobei uns neugierige Blicke begleiten. Bevor wir sein Büro verließen, hatte mir Schweitzer einen Tropenhelm gereicht. »Ich würde dir empfehlen, nie ohne ein solches Ding hinauszugehen. Erstens wegen der Sonne, zweitens wegen der Baumschlangen. Die lassen sich fallen, sobald sich unter ihnen etwas bewegt.«

Ob es hier viele Schlangen gäbe, erkundige ich mich irritiert. Nicht, daß ich mich besonders vor ihnen fürchtete, aber ich wollte schon wissen, auf was ich mich vorbereiten muß.

»Nun ja«, meint Schweitzer vorsichtig, »man sollte schon hinschauen, wohin man seinen Fuß setzt«. Am häufigsten verbreitet sei die *Vipera Gabonensis*, die Grüne Mamba.

»Uns werden allerdings selten Patienten mit Schlangenbissen gebracht.«

Ich atme auf.

»Die Gebissenen versterben meist auf dem Weg hierher …«

Etwas abseits liegt die Lepra-Station. Sie behielten auch jene im Krankendorf, deren Infektion abgeheilt sei, erklärt mir Schweitzer. Wegen ihrer Mißbildungen würden die solcherart gezeichneten Menschen aus der Dorfgemeinschaft ausgeschlossen werden. Damit sei ihr Schicksal besiegelt. Das

Hinter Albert Schweitzer Siegwart-Horst Günther

neue Lepradorf habe er vom Geld errichtet, das er mit dem Nobelpreis bekam. »Mitunter infizierten sich in der Vergangenheit die Kinder der Leprakranken, doch seit wir die BCG-Schutzimpfung eingeführt haben, ist dies kein Thema mehr. Im übrigen: Der Impfstoff kommt aus Jena in Thüringen. Wir haben sehr gute Kontakte zu Jenapharm, die Zusammenarbeit ist freundlich und ohne Probleme.«

Ich solle aber nicht annehmen, daß alle Menschen, die ich hier im Camp sähe, auch Patienten seien. »Oft sind es deren Angehörige, die wir auch unterbringen. Sie machen sich nützlich und helfen uns bei der Arbeit.«

Schließlich erreichen wir ein langgestrecktes Holzgebäude, das – wie alle anderen Baracken hier – nach Plänen von Schweitzer gebaut worden ist. Sie stehen in der Nähe des Flusses und sind so konstruiert, daß stets frischer Wind durch die Zimmer streicht. Die Räume liegen nebeneinander. Er öffnet eine Tür und weist hinein. »Das ist dein Zimmer.«

Es ist sparsam eingerichtet. Ein Stuhl, ein Tisch und ein Schrank. Eine Kanne mit Wasser und ein Eimer. Über dem Bett hängt ein Moskitonetz. Auf dem Tisch steht eine Petroleumlampe. Er lächelt. »Elektrischen Strom gibt es nicht. Denn wir leben mitten im Urwald. Aber das wirst du ja bereits bemerkt haben.«

Auf meinen fragenden Blick ergänzt Schweitzer. »Natürlich haben wir einen Generator, den wir aber nur anwerfen, wenn wir operieren. Diesel ist knapp und teuer.«

Neben Patienten, die akut erkrankt seien und in der Klinik behandelt werden würden, sowie den Leprakranken hätten sie hier auch noch psychisch Kranke. Diese bewegten sich frei auf dem Hospitalgelände und seien an einem braunen Tropenhelm mit rotem Band erkennbar. Das Zeichen sei deshalb wichtig, weil sie sich zuweilen in der Umgebung verirrten. Die Einheimischen wüßten dann aber, daß es sich um Patienten von hier handelte und brächten sie automatisch ins Hospital zurück.

»Na dann: Ich wünsche eine gute erste Nacht!«

Am Morgen reißt mich metallisches Plink-Plink aus einem tiefen, traumlosen Schlaf. Albert Schweitzer sitzt bereits am langen Tisch im gemauerten Gemeinschaftsraum und hat mit dem Frühstück begonnen. Das, so merke ich bald, ist die Regel. Er ist morgens stets der erste. Ein klassischer Frühaufsteher. Ach, meint er, ein alter Mensch brauche nicht mehr soviel Schlaf, und außerdem gäbe es sehr viel zu tun. Er zeigt aus dem Fenster. Da sammeln sich bereits die Patienten, die mit Booten gekommen sind, vor den Behandlungsräumen.

Ob der Andrang immer so groß wäre, erkundige ich mich gleichermaßen besorgt wie bewundernd. Schweitzer nickt. Einige hundert Patienten würden es manchmal schon sein, die sie behandelten.

»In der Woche?«

»Nein, täglich.«

Danach beginne ich meine erste Sprechstunde. Geduldig und diszipliniert warten die Mütter mit ihren Kindern, Erwachsene mit und ohne Begleitung, Greise und Jugendliche, bis sie an der Reihe sind. Es gibt Verletzungen aller Art, darunter eine Schußwunde: Der Mann war, als er im Urwald nach Wurzeln grub, von einem Dorfbewohner für ein Wildschwein gehalten und angeschossen worden. Manche sind von Stoßzähnen der Elefanten verletzt worden, andere wiederum haben sich an scharfkantigen Gewächsen blutende Wunden geholt. Mir werden Pilzwucherungen und elefantendicke Beine vorgewiesen sowie von Lepra zerfressene Arme, Beine und Gesichter.

Es gibt Infektionskrankheiten und Symptome, die mir unbekannt sind. Ich konsultiere meine freundlichen Arztkollegen.

Mittags sitzen wir wieder alle beieinander zu Tisch. Es gibt Fleisch, das sehr zart ist und gut schmeckt.

»Weiß du, was du da ißt?«, erkundigt sich mein Gegenüber.

»Ja, ein herrlich zartes Rindersteak«, gebe ich Schweitzer zurück.

»Steak schon«, grient er. »Aber nicht vom Rind, sondern vom Krokodil.«

Im Laufe meines Lebens habe ich schon sehr viele ungewöhnliche Mahlzeiten zu mir genommen, aber Krokodile waren bisher nicht darunter.

Albert Schweitzer sieht den Anflug von Ekel in meinem Gesicht und beruhigt mich. »Es ist vielleicht gewöhnungsbedürftig, doch das Fleisch ist sehr eiweißreich.« Einheimische Jäger, die für das Hospital arbeiten, sorgen dafür, daß immer etwas in die Töpfe und Pfannen kommt. Nur in der Regenzeit, wenn der Ogowe anschwillt und die Wassermassen zuweilen das Hospital von der Welt abschneiden, sei man auf sich selbst angewiesen. Deshalb habe er damals auch den großen Garten zur Selbstversorgung anlegen lassen.

Der Gemüseanbau werde vornehmlich von den psychisch Kranken besorgt. »Diese Form der Arbeitstherapie wird inzwischen auch in europäischen Kliniken und Nervenheilanstalten praktiziert«, berichtet Albert Schweitzer nicht ohne Stolz.

Sprechstunde im Urwaldhospital

Die Leprösen, das habe ich schon bemerkt, läßt er schnitzen. Das fördere die Beweglichkeit der Hände, sagt er. Überhaupt scheint mir Schweitzer auf die Rehabilitation sehr großes Augenmerk zu haben.

Lange bevor sich das Jahr 1963 neigt, herrscht in der Leprastation rege Betriebsamkeit. Man näht Kleider und bastelt, es ist schon erstaunlich, wie mancher Kranke mit seinen Fingerstummeln Nadel und Faden führt.

Sie bereiten sich auf das Krippenspiel zu Weihnachten vor, erläutert mir Albert Schweitzer.

Zu jedem Weihnachtsfest wird die Bibelgeschichte zur Aufführung gebracht. Mein zweites Fest, das von 1964, bleibt mir in besonderer Erinnerung. Zum einen, weil unser Stromgenerator ausfällt und wir Hilfe aus Libreville anfordern müssen. Zum anderen: Zum Jahreswechsel dringt eine riesige Boa Constrictor in das Lepradorf ein. Sie umschlingt eine Ziege, um diese zu erwürgen und anschließend zu verschlucken. Ein Lepröser schlägt mit seiner Machete der Schlange den Kopf ab. Danach zieht er ihr die Haut ab, trocknet sie – und schenkt mir die Trophäe.

Sie hängt noch heute an der Wand in meinem Haus an der Nordsee in St. Peter-Ording.

Blick auf den Ogowe, dem drittlängsten Fluß in Afrika

Krippenspiel in der Leprastation

Ich selbst habe auch einmal eine unangenehme Begegnung mit einer Python, die allerdings glimpflich ausgeht – für beide Seiten. Es ist zu Beginn der Regenzeit. Oft kommen Besucher aus Übersee – Mediziner, Journalisten, Sponsoren, Touristen. Diesmal ist es ein Gast aus Deutschland, und ich werde zu seiner Betreuung abgestellt. Das ist mir nicht unangenehm: Besuch bringt immer ein wenig Abwechslung in den durchaus routinierten und kaum von großer Abwechslung geprägten Alltag des Urwaldhospitals.

Gemeinhin schneiden wir uns gegenseitig die Haare, diesmal will ich es in der Stadt Lambaréné erledigen lassen. Eine Gelegenheit, meinem Landsmann den dortigen Markt zu zeigen und selbst noch einiges einzukaufen, die Siedlung ist ein wenig abwechslungsreicher als das Urwaldhospital.

Wir lassen uns also zur Insel im Ogowe rudern, auf der die Stadt liegt. Am Strand machen wir unser Wassertaxi fest und gehen die »Hauptstraße« entlang. Ein Afrikaner in unmittelbarer Nähe, unter einem Kabock-Baum stehend, der baumwollähnliche Früchte trägt, gestikuliert heftig. Offenkundig will er uns auf etwas aufmerksam machen. Ich schaute mich um – und blicke einer aufgerichteten Python ins Auge.

Ich bin wie vom Donner gerührt und kann mich nicht mehr bewegen, meinem Begleiter geht es ähnlich. Selbst die Sprache hat das Tier uns verschlagen.

Mit Steinwürfen vertreiben die Afrikaner schließlich die Schlange. Sie verschwindet im angrenzenden Urwald.

Albert Schweitzer, dem ich nach unserer Rückkehr von der ungewöhnlichen Begegnung berichte, winkt belustigt ab. Meine Angst wäre völlig unbegründet gewesen. Pythons seien nicht dumm. Sie taxierten, bevor sie angriffen, die Größe ihres Opfers. Ich sei ihr einfach zu groß gewesen. Sie wäre gewiß von allein abgehauen.

Ich weiß nicht, ob Schweitzer den Vorfall nur bagatellisieren will, oder ob es sich wirklich so verhält. Gleichwohl, erleichtert bin ich schon, daß die Sache so harmlos endete.

Er nimmt sie jedoch zum Anlaß, um über andere Begegnungen mit Tieren zu berichten. So habe er in den ersten Jahren seines Aufenthaltes hier sogar wiederholt Haie im Ogowe gesehen, was insofern ungewöhnlich war, als Haie ja Salzwasserfische sind. Offenkundig seien sie aber derart gefräßig gewesen, daß sie, vom Meer kommend, im sehr fischreichen Ogowe gewildert hätten. Ein Kind sei beim Baden gebissen worden. Er habe es seinerzeit behandelt.

Auf dem Markt in der Distrikthauptstadt Lambaréné

Waschtag am Ogowe

Zurückgegangen sei auch die Zahl der Krokodile, meint Albert Schweitzer, was vermutlich nicht nur der Jagdleidenschaft der Einheimischen geschuldet sei. Allerdings wäre er darüber nicht unglücklich. In den ersten Jahren hätten die Krokodile den Ogowe bevölkert und in der Uferzone gewildert. Viele Menschen hätten sie ins Wasser gezogen und gefressen.

Nun ja, er macht eine entschuldigende Handbewegung, die sagen soll: »Auch Krokodile sind Geschöpfe Gottes.«

Das gilt auch für die Flußpferde, die in nicht geringer Zahl den Ogowe bevölkern und gelegentlich nach Kanus schnappen. Mit ihren Hauern reißen sie mitunter tiefe Fleischwunden.

Nach dem langen Arbeitstag, der in der Regel 12 bis 16 Stunden dauert, treffen wir uns zum gemeinsamen Abendessen. Dabei werden immer Beobachtungen und Erfahrungen ausgetauscht. Der Gemeinschaftssinn ist groß, wir wissen, daß sich einer auf den anderen verlassen kann und muß. Zuweilen setzt sich Schweitzer ans Klavier und spielt. Auch wenn dies die einzige kulturelle Zerstreuung ist und darum naturgemäß besonders hoch bewertet wird, ist jedoch erkennbar, was für ein Virtuose er einst war. In solchen Augenblicken wird uns besonders bewußt, was Churchill mit seiner

Ein Dorf am Flußufer

Bemerkung über Albert Schweitzer gemeint hatte, als er ihn »ein Genie der Menschlichkeit« nannte.

Trotzdem äußern sich zuweilen Besucher oder kurzzeitige Mitarbeiter des Hospitals kritisch über dessen Begründer. Einige nennen ihn autoritär und störrisch, er lasse sich nichts sagen. Abweichende Meinungen gestatte er nicht, schreibt beispielsweise ein Amerikaner, der einige Wochen als Gast bei uns weilte. Seine subjektiven Feststellungen veröffentlicht er als Buch, was so oberflächlich wie gehässig ist. Er moniert darin alles: daß Angehörige von Patienten unter Krankenbetten schlafen, daß sie ihre Kinder und Tiere mitbringen dürfen, daß der halsstarrige Patriarch sich nichts von anderen sagen lasse undsoweiter.

Der Mann hat wirklich nichts begriffen.

Natürlich bringen manche Patienten ihre Kinder und Tiere aus den abgelegenen Dörfern mit. Aus gutem Grund: um das Vieh muß man sich schließlich kümmern. Zudem versorgen die Verwandten ihre Patienten: Sie kochen für sie, denn in den einzelnen Stämmen herrschen sehr unterschiedliche Eßgewohnheiten. Eine solche vielseitige Küche kann unser Hospital nicht bieten. Und schließlich helfen die Familienangehörigen beim Bau und der Reparatur von Baracken. Auf diese Weise lernen sie viel – zum Beispiel wie man solche von Schweitzer entwickelte Bauten mit natürlicher Klimaanlage auch daheim errichten kann.

Albert Schweitzer war selbstbewußt, aber keineswegs herrisch. Wenn die vorgebrachten Argumente überzeugen, korrigiert er sich ohne Widerspruch. Er beharrt nicht deshalb auf seiner Meinung, weil es seine Meinung ist und er im Gefühl lebt, sich nie zu irren. Er kann allerdings die Erfahrungen eines halben Jahrhunderts Urwaldleben in die Waagschale werfen. Grüne Jungs, die erst kurze Zeit im Hospital sind und meinen, alles besser zu wissen, oder Afrikaner, die naßforsch erklären, weil man doch in einer Kirche sei, wäre man nunmehr Bruder und Schwester, weist er sanft in die Schranken: »Ja, ich bin dein Bruder. Aber ich bin dein älterer Bruder.«

Zuweilen heißt es unterschwellig bei manchem Überflieger, daß das seit 1913 existierende Urwaldhospital ein wenig antiquiert sei. Wie könne man denn in der zweiten Hälfte des 20. Jahrhunderts noch auf derart alter-

Übersetzen mit der Fähre

tümliche Weise Menschen medizinisch betreuen? Inzwischen schieße man Kosmonauten und Astronauten ins All – doch ein alter Kauz operiere im Urwald im Schein einer Petroleumlampe noch immer wie vorm Ersten Weltkrieg …

Schweitzer ficht derlei Häme nicht an. Der Umstand, daß das in der Distrikthauptstadt Lambaréné errichtete moderne Krankenhaus nahezu leersteht, aber sein angeblich primitives Hospital ständig überfüllt ist, gibt ihm Selbstsicherheit und wohl auch recht. Kranke brauchen zur Heilung nicht nur medizinische Geräte und Medizin, sondern auch Wärme, Verständnis und Zuwendung, mit einem Wort: Menschlichkeit. Und die gibt es im Urwaldhospital mehr als anderswo. Unsere Patienten spüren das. Und sie tragen dieses Gefühl in die entlegensten Dörfer des dünn besiedelten Landes.

Auf meine und die Bitte anderer Mitarbeiter, öffentlich auf den Unsinn zu reagieren, der in Europa oder Amerika über ihn und das Hospital in einigen Zeitungen und Büchern verbreitet wird, reagiert Schweitzer abschlägig.

»Nein, ich antworte nie. Unsere Zeit ist viel zu wertvoll, um uns mit Unwahrheiten zu beschäftigten.«

In Gabun selbst reagiert man auch gelassen und erklärte: »Wenn Dr. Schweitzer im Jahre 1913 nicht gekommen wäre, uns zu helfen, wäre der mittlere Teil unseres Landes schon ausgestorben und entvölkert.« Treffender läßt sich das segensreiche Wirken des Doktors nicht charakterisieren.

Einmal, im Februar 1964, schickt mich der Chef mit dem LKW nach Libreville. Er erwartet einige Sendungen, die mit dem Schiff aus Europa kommen. Ich soll sie gemeinsam mit einigen Helfern abholen.

Das Schiff ist noch nicht da. Wir nehmen Quartier in einem kleinen Hotel in der Nähe des Hafens. Am Morgen entdecke ich unter meinem Bett eine Schlange. Das Hotelpersonal weiß sich zu helfen und erschießt sie mit einem Gewehr. Im Laufe des Tages höre ich es wiederholt knallen. Offenkundig wimmelt es in der Hauptstadt nur so von Schlangen. Wie ich aber erfahre, hat die Knallerei andere Ursachen. Das Militär habe sich erhoben und Staatspräsident Léon M'ba aus seinem Amt vertrieben, heißt es.

Nach meiner Rückkehr nach Lambaréné mit unseren Kisten stellt mir Albert Schweitzer einen neuen Gast vor.

Er heißt Léon M'ba.

Vor Jahren habe er im Hospital als Krankenpfleger gearbeitet, erklärt mir Schweitzer den Grund für seine Anwesenheit hier.

Diese Straßen sind nur mit Lastkraftwagen passierbar

Frankreich, das sich noch immer als Schutzmacht versteht, schickt eine Elitetruppe nach Gabun. Präsident de Gaulle regelt die Angelegenheit so, wie er das als Militär immer gehalten hat. Nachdem seine Soldaten in Libreville die alte Ordnung wiederhergestellt haben, legt ein Motorboot vorm Hospital an. Die französischen Fallschirmjäger bitten den gestürzten Staatspräsidenten höflich, seine Amtsgeschäfte wieder wahrzunehmen.

M'ba wird noch fast vier Jahre regieren – er stirbt am 1. Dezember 1967 und wird von Bongo beerbt, der 1973 zum Islam übertreten soll. Omar Bongo bestimmt bis heute als Staatsoberhaupt die Politik Gabuns. Ihm wird eine besondere Nähe zum französischen Ölkonzern »Elf Aquitaine« nachgesagt. Das Land gilt heute als politisch stabil, was nicht zuletzt auf solide wirtschaftliche Verhältnisse zurückzuführen ist. Mit einem jährlichen Pro-Kopf-Einkommen von 3845 Dollar ist Gabun Spitzenreiter in Afrika.

Aber nach wie vor bereiten medizinische Probleme große Sorgen. Malaria, Lepra und andere Tropenkrankeiten hat man noch immer nicht unter Kontrolle bringen können, zehn Prozent der Bevölkerung sind inzwischen HIV-positiv, und 1996 starben 100 Menschen an der noch weitgehend unerforschten und vermutlich von Affen verbreiteten Ebola-Seuche, die 2001 erneut im Inneren des Landes ausbrach.

Prof. Günther mit afrikanischen Fußballspielern

Von AIDS und Ebola wissen wir im Jahre 1964 noch nichts. Wir haben uns mit anderen Tropenkrankheiten und mit afrikanischen »Doktoren« herumzuschlagen. Das Schweitzer-Hospital hat nämlich nicht nur die moderne »Konkurrenz« in der Distrikthauptstadt, sondern auch die traditionelle im Urwald. Die Medizinmänner verfügen über in Jahrhunderten gesammelte Erfahrungen. Sie wissen, welche Pflanzen unter bestimmten Bedingungen welche Wirkung erzielen, kennen die Mechanismen von Psychologie und Magie und genießen hohes Ansehen bei ihren Stämmen. Allerdings endet die Naturheilkunde dort, wo die operative Medizin einsetzen muß. In der letzten Zeit häufen sich die Todesfälle mit vereiterten Blinddarmdurchbrüchen, weil die Patienten zu spät ins Hospital gebracht werden.

Dr. Schweitzer ist der Auffassung, daß ich mich der »Witchcraft-Doctors«, der »Zauberer«, annehmen solle. Sie vermutlich sind daran schuld, daß sich Patienten zu spät auf den Weg zu uns machen.

Ich ziehe also in den Urwald und besuche einige Medizinmänner. Ich habe hohen Respekt vor ihrem Können, nach meiner Beobachtung sind sie sogar in der Lage, mit traditionellen Natursäften Malaria auszuheilen. Meine Anerkennung versuche ich mit Hilfe von Dolmetschern zu vermitteln. Gleichwohl mache ich auf die objektiven Grenzen ihres segensreichen Wirkens aufmerksam.

»Witchcraft-Doctors« bei ihrer Arbeit: Mit Palmenwedel und Magie versuchen sie Krankheiten zu vertreiben

Die meisten Medizinmänner und -frauen leisten meiner Einladung ins Hospital Folge. Wir zeigen ihnen die Einrichtungen und machen plastisch sichtbar, wo ihre Macht endet. Nach meinem Eindruck begreifen sie mehrheitlich, daß wir nicht ihre Feinde oder Konkurrenten sind, sondern mit ihnen ehrlich zusammenarbeiten wollen.

Neben meiner Arzt-Tätigkeit und der Besorgung dringender Hospitalangelegenheiten arbeite ich auch wissenschaftlich. Albert Schweitzer hat mich ausdrücklich dazu ermutigt, wie er das im übrigen bei allen anderen Ärzten auch tut. Aus diesem Grunde hat er in Jahrzehnten eine vorzügliche Bibliothek zusammengetragen und ein eigenes Archiv angelegt, was allen zu nutzen freisteht. Ich beschäftige mich mit der Tumbu-Fliegen-Myiasis, einer von parasitischen Fliegenmaden verursachte Krankheit, die an der Haut oder an inneren Organen auftritt. Meine Forschungsergebnisse publiziere ich in Europa. Sie stoßen auf beachtliches Interesse, wie ich finde.

Allerdings wird mir in diesem Zusammenhang auch der unterschiedliche Zugang zur Medizin und der Umgang mit ihr deutlicher bewußt als noch zuvor. Die Tatsache, daß es reiche und arme Staaten auf der Welt gibt, führt auch zu einer unterschiedlichen Schwerpunktsetzung bei der medizinischen Versorgung.

Bei den reichen Nationen steht die kurative, d. h. die behandelnde Medizin im Vordergrund. Sie ist aufwendig und teuer, weil Pharmaindustrie, Gerätehersteller und andere Nutznießer daran partizipieren. Die Reichen lassen sich ihre Gesundheit etwas kosten. Medikamente werden darum zunehmend im Interesse des Profits entwickelt und nicht zur allgemeinen Wohlfahrt. Die hohen Entwicklungskosten müßten »sich rechnen«, heißt es zur Begründung, wenn bestimmte Präparate nicht entwickelt werden – weil »der Markt« angeblich zu klein sei. Nicht der Markt ist zu klein (mitunter zählen die Erkrankten nach Millionen), sondern die Solvenz der Patientengruppe.

Die präventive, die vorbeugende Medizin hingegen ist wesentlich preiswerter und damit auch kaum lukrativ für jene, die an der Bekämpfung von Krankheiten verdienen wollen.

Notwendigerweise müssen sich die armen Staaten auf die Prävention konzentrieren. Von den etwa sechs Milliarden Menschen auf der Welt leben fünf unter außerordentlich bescheidenen Verhältnissen, um es freundlich zu formulieren. Ihnen ist der Zugang zur teuren Medizin unmöglich.

Auch mit dem Abstand von fast vier Jahrzehnten meine ich, daß der

Dorfbevölkerung

Weg, den Albert Schweitzer mit seinem Urwaldhospital beschritt, unverändert praktikabel und sinnvoll ist. Ärzte aus verschiedenen Ländern, mit unterschiedlichen Erfahrungen helfen und leiten an zur Selbsthilfe. Einfachheit muß kein Mangel sein – sie hilft, sich aufs Wesentliche zu konzentrieren.

Die vom Doktor geschaffene Struktur – ein Distriktkrankenhaus und Gesundheitszentrum mit verschiedenen Einrichtungen – ist bei geringstem Kostenaufwand in der Lage, alle medizinischen Aufgaben zu bewältigen.

Daneben werden Hebammen, Krankenschwestern und Pfleger ausgebildet, Mütter in Hygiene und Kinderernäherung unterrichtet und auch sonst Aufklärung geleistet.

Eine Lehrmethode erweist sich als besonders wirksam, die heutzutage als »learning bei overhearing« bezeichnet wird: Der Arzt oder die Schwester erklärt die Behandlung, während die Kinder oder die Bettnachbarn zuhören.

Albert Schweitzer ist, ohne daß es ihm vielleich bewußt wird, uns allen Lehrer. Wir gestandenen, erfahrenen Ärzte, die an seiner Seite eine bestimmte Zeit arbeiten, verstehen uns als seine Schüler. Es sind weniger medizinische Kniffe oder Handreichungen, die wir ihm abschauen, sondern seine ethischen Vorstellungen. Er lebt uns vor, was diese »Ehrfurcht

Das Lepradorf in Lambaréné

vor dem Leben« bedeutet: Demut vor der Schöpfung, Dankbarkeit für jeden neuen Tag, Toleranz und Nächstenliebe.

Im Mai 1965 glaube ich, daß es soweit ist, wieder nach Europa zurückzukehren. Ich habe inzwischen Verbindung zum Tropeninstitut in London aufgenommen. Man zeigt sich dort an meinen Forschungen interessiert und meint, daß ich sie an der Themse fortsetzen soll – so ich denn möchte. Ab Januar 1966 könne ich damit rechnen, bei ihnen einen Platz zu bekommen.

Es drängt mich nichts, in einen der beiden deutschen Staaten zurückzukehren, mir dort eine Praxis einzurichten und eine Familie zu gründen. Ich will helfen und forschen.

Der Abschied von Albert Schweitzer ist herzlich. Beide wissen wir, daß er für immer sein wird. So schnell, wenn überhaupt, würde ich nicht wieder nach Gabun kommen – und er hat nicht mehr die Absicht, das Land zu verlassen. Nein, der 90jährige ist keineswegs hinfällig oder krank, er absolviert ohne Einschränkung sein übliches Tagespensum.

Vier Monate nach meiner Abreise, am 4. September, schließt er die Augen für immer. Er hat nur kurz gelegen. Die Angebote aus dem Ausland, ihn aus-

Übersetzen mit der Fähre zum anderen Ufer des Ogowe

Prof. Günther mit einer »Witchcraft«-Doktorin

zufliegen und in Spitzenkliniken zu behandeln, hat er rigoros abgelehnt. Er weiß, daß seine Lebensuhr abgelaufen ist. Eine künstliche Verlängerung seines Erdenkreises hätte seiner Überzeugung widersprochen. Er stirbt in seinem Hospital und läßt sich unweit seines Hauses beisetzen.

Seine Arbeiten sind mittlerweile in 19 Bänden erschienen und in verschiedenen Sprachen übersetzt worden. Sein eigentliches Werk sprengt allerdings jeden Rahmen. Das Albert-Schweitzer-Hospital arbeitet weiter. Wie ich dem Internet entnahm, wurden im Jahre 2001 genau 7322 Patienten stationär behandelt und 40188 Sprechstunden durchgeführt. Das Spital verzeichnete 749 Geburten und 1572 Operationen. Es wurden mehr als 60000 Laboruntersuchungen durchgeführt.

Jahre nach meiner Rückkehr aus Afrika las ich einen Text von Ursula Gutsche, die uns in Lambaréné zum Jahreswechsel 1964/65 besucht hatte. Sie berichtete darüber später in deutschen Zeitungen. Das Albert-Schweitzer-Netzwerk, »das Netzwerk für ethische Bildung« – eine Vereinigung internationaler Vereine und Kreise, die Schweitzers Werk pflegen, indem sie es fortführen – bietet diesen inhaltsreichen Text auch auf seiner Homepage an *(www.albert-schweitzer.net)*.

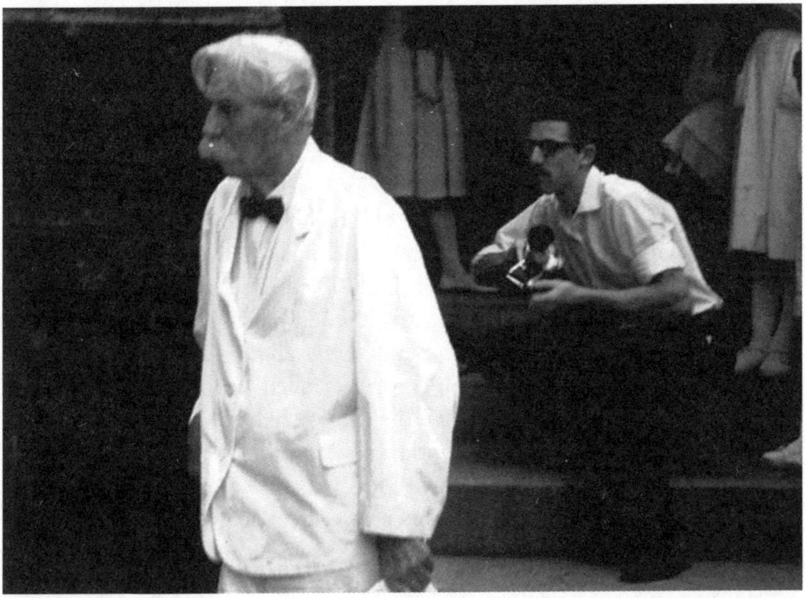

Albert Schweitzer

Da darin einerseits der Weg – allerdings in umgekehrter Richtung – beschrieben ist, den ich im Mai 1965 nahm, andererseits viele Dinge aufgeführt sind, die ich vergaß zu notieren, obgleich ich deren Zeuge war, möchte ich aus diesem Text von Ursula Gutsche ausführlich zitieren.

»Am Mittwochabend, dem 30. Dezember 1964, kam Herr L., der in der dortigen Mercedes-Werkstatt tätige Deutsche, bei mir vorbei und teilte mit, daß man ihn aus dem Schweitzer-Hospital in Lambaréné gerufen habe, weil der Generator für die elektrische Installation, die es in einigen Räumen (u. a. dem Operationssaal) gab, ausgefallen sei. Herr L. hatte mir einmal angeboten, mich mitzunehmen, wenn er gelegentlich wieder nach Lambaréné müsse. Natürlich warf ich meine Silvester-Pläne über den Haufen und freute mich über diese Gelegenheit, das Hospital kennenzulernen.

Am frühen Donnerstagmorgen (31.12.) zogen wir mit Herrn L.s DKW-Jeep los. Voraus fuhr Herr B., der dänische Mechaniker aus dem Hospital, wir hinterher. Bald schon befanden wir uns wieder auf einer jener Pisten, die ich bereits von meinem Weihnachtsausflug ins Landesinnere kannte. Tiefzerfurchte rote Laterit-Erde, oft große Schlammstellen, auf denen der Jeep wie auf einer Eisfläche hin- und herschlitterte. Es dauerte nicht lange, bis wir mit einer feinen roten Staubschicht bedeckt waren und aussahen wie Indianer. Herrlicher Sonnenschein, um uns herum die riesigen Bäume des Urwalds, dazwischen kleine Dörfer mit Hunden, Hühnern, Ziegen, der Platz vor den Hütten immer ordentlich gefegt.

Nach etwa zweistündiger Fahrt ging es in Kango auf die erste Fähre über den Fluß Como. Der Como ähnelt mit seinen vielen Inseln und kleinen Einläufen eher einem See, der Wald geht bis ans Ufer. (Dr. Schweitzer erklärte uns später, daß dort vor langer, langer Zeit einmal der Kongo geflossen sei.) Langsam tuckerte die Fähre über den Fluß. Die in Anbetracht des bevorstehenden Jahreswechsels bereits recht fröhlichen Passagiere wünschten sich gegenseitig und uns am laufenden Band *Bonne Année* – das war sehr lustig. Dann befanden wir uns wieder im eindrucksvollen Wald.

Nach drei Stunden erreichten wir die nächste Fähre. Von hier aus dauerte es dann nur noch eine kurze Stunde, bis wir endlich den breiten, in der Abendsonne schimmernden Ogowe-Fluß vor uns sahen. Um in den Ort Lambaréné zu kommen, der auf einer Insel liegt, hätten wir wieder eine Fähre nehmen müssen. Wir bogen jedoch kurz vor dem Fluß links ab, treu und brav Herrn B. folgend. Ich war sehr aufgeregt und gespannt auf diesen ersten Kontakt mit Lambaréné.

Die Piste wand sich eine kleine Anhöhe hinauf. Durch eine schattige Allee näherten wir uns Hütten. Erst als Herr B. anhielt, merkte ich, daß wir angekommen waren. Wir hatten uns in einem normalen, etwas weitläufige-

Albert Schweitzer bei einer Aufführung des Krippenspiels

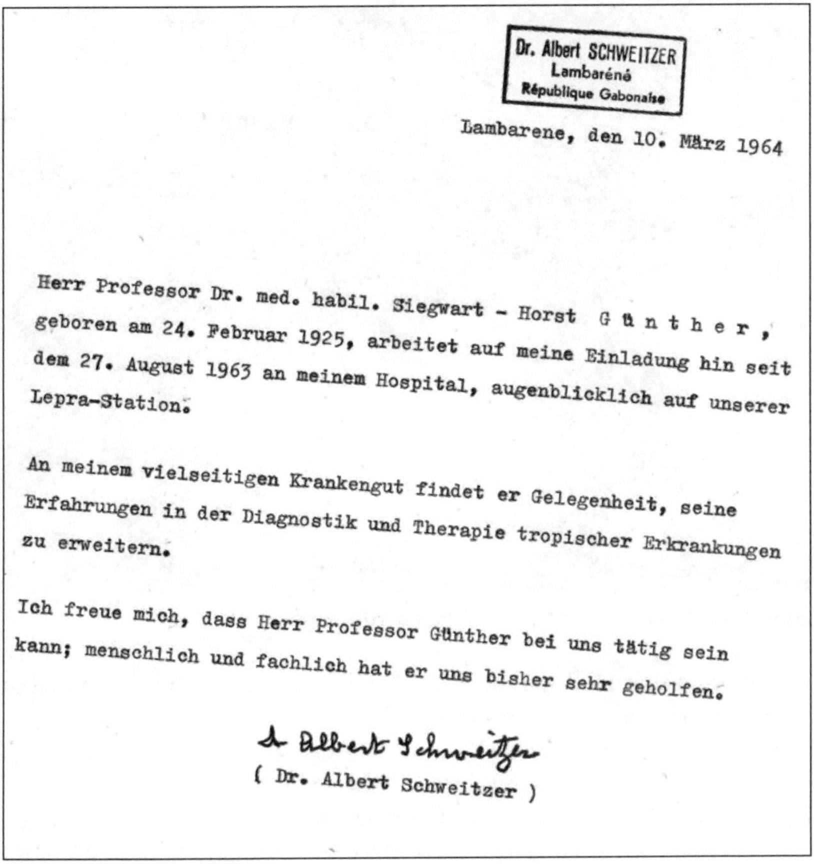
Dr. Albert SCHWEITZER
Lambaréné
République Gabonaise

Lambarene, den 10. März 1964

Herr Professor Dr. med. habil. Siegwart - Horst G ü n t h e r , geboren am 24. Februar 1925, arbeitet auf meine Einladung hin seit dem 27. August 1963 an meinem Hospital, augenblicklich auf unserer Lepra-Station.

An meinem vielseitigen Krankengut findet er Gelegenheit, seine Erfahrungen in der Diagnostik und Therapie tropischer Erkrankungen zu erweitern.

Ich freue mich, dass Herr Professor Günther bei uns tätig sein kann; menschlich und fachlich hat er uns bisher sehr geholfen.

Dr Albert Schweitzer
(Dr. Albert Schweitzer)

Zeugnis Albert Schweitzers für Siegwart-Horst Günther, 1964

ren Dorf geglaubt. Vor den Hütten saßen Einheimische, auf dem Gras davor lag Wäsche zum Trocknen, irgendwo war ein Äffchen angebunden, schließlich sah ich aber weißgekleidete Europäer mit Tropenhelm durch das Gelände eilen.

Wir wurden von einer jungen Schweizerin in Empfang genommen, die uns zu den Gästehäusern führte. Es sind lange Holzhäuser, die in ihrer Konstruktion von Dr. Schweitzer selbst ersonnen wurden. Die offenen Längsseiten der Häuser (unseres hieß ›Sanssouci‹) bestehen aus überkreuzten Holzbalken, die mit Fliegendraht bespannt sind. Das macht Moskito-Netze überflüssig. Lange weiße Baumwollvorhänge schützen vor Einblicken. Die Häu-

Albert Schweitzer, links Siegwart-Horst Günther

ser stehen so zum Fluß, daß sie jeden Windhauch ausnützen können und so auch ohne Klima-Anlage sehr luftig sind.

Dr. Schweitzer erklärte uns später bei unserer ›Audienz‹, die Häuser seien so angelegt, daß zu keiner Tageszeit die Sonne hineinscheinen könne. Zwei Einheimische hätten ihn darauf hingewiesen, als er mit dem Bauen angefangen habe. Sie hätten gesagt: ›Wir sollen für dich bauen, dann mußt du auch gehorchen.‹ Dabei hatte sich sein ganzes Gesicht in verschmitzte Lachfältchen gezogen.

Die Zimmer waren einfach und praktisch eingerichtet: Bett, Stuhl, ein Tisch, eine Kommode, zwei Petroleumlampen, ein kleiner Waschtisch mit einer großen Waschschüssel, drei riesige Kannen mit gefiltertem Flußwasser, zwei Glasflaschen mit abgekochtem Trinkwasser. Alles war sehr sauber.

Nachdem ich mich wieder in einen sauberen Menschen verwandelt hatte, ging ich hinaus auf die Veranda und schaute dem jungen Gorilla und dem Schimpansen zu, die dort angebunden waren. Um 18.30 Uhr läutete es zum ersten Mal, es bedeutete: eine halbe Stunde bis zur Essenszeit. Zum Läuten werden zwei verschieden lange Eisenstäbe angeschlagen. Nach dem zweiten Läuten (19.00 Uhr) versammelten sich alle im Eßraum, dem einzigen Steinbau des Hospitals. Dort standen zwei lange, weißgedeckte Tische für etwa 40 Personen. Ich wurde sehr an meine Zeit im Schweizer Kinderheim erinnert.

Fräulein Kottmann, die schon über 40 Jahre dem Doktor half, begrüßte uns. Vor mir stand eine liebenswerte, zarte, schlanke alte Dame. Aus den Akten in der Botschaft wußte ich, daß ihre Handschrift unwahrscheinlich der des Doktors ähnelte.

Wir warteten hinter unseren Stühlen bis zur Ankunft des Doktors. Ich genierte mich sehr, da ich als einzige ein rotes Kleid trug, alle anderen Anwesenden waren weiß gekleidet.

Dr. Albert SCHWEITZER
Lambaréné
République Gabonaise

Lambaréné, den 12. Januar 1965

Herr Professor Dr. med. habil. Siegwart - Horst G ü n t h e r , geboren am 24. Februar 1925, arbeitete auf meine Einladung hin vom 27. August 1963 bis zum 28. Februar 1965 an der medizinischen Klinik und der Lepra-Station meines Hospitals.

Bei dem vielseitigen Krankengut fand er Gelegenheit, seine Erfahrungen in der Diagnostik und Therapie besonders tropischer Erkrankungen zu erweitern.

Ich habe mich sehr darüber gefreut, dass Herr Professor Günther bei mir tätig sein konnte; menschlich und fachlich hat er uns sehr geholfen.

Dr. Albert Schweitzer

(Dr. Albert Schweitzer)

Abschlußzeugnis, 1965

Schließlich wurde der Doktor hereingeführt. Langsam, nach vorn gebeugt, ging er zu seinem Platz. Alle setzten sich. Er sprach ein Gebet und aß dann schweigend. Die Mahlzeiten nimmt er meistens schweigend, tief in Gedanken versunken, ein, hieß es.

Fräulein Kottmann zu seiner Linken und Fräulein Ali zu seiner Rechten umsorgten ihn, während rundherum muntere Gespräche geführt wurden. Herr L. und ich saßen am zweiten Tisch und schauten uns die Gäste an. Wir entdeckten Dr. Friedmann mit seinem riesigen Schnauzbart, der uns an einen Räuberhäuptling erinnerte (der dienstälteste Arzt im Hospital), Prof. Mai von der Kinderklinik der Universität Münster, ein Gast für wenige Wochen, der im Lepradorf dem japanischen Arzt half, den deutschen Pastor, der am 24. Mai mit dem Schiff in Libreville angekommen war und den Tannenbaum für Lambaréné mitgebracht hatte, Prof. Günther und Marion Preminger, Ex-Frau des amerikanischen Regisseurs.

Nach dem Essen reichte Fräulein Kottmann dem Doktor die deutsche Bibel, aus der er den 90. Psalm las. Darauf reichte ihm Fräulein Ali die französische Bibel. Er las den Psalm auf französisch und legte ihn dann aus. So

Mathilde Kottmann und Albert Schweitzer

geschah es jeden Abend, hieß es. Dann zogen sich alle zurück, um den Abend bis 23.45 Uhr nach Lust und Laune zu verbringen.

Herr L. und ich waren bei Herrn B. und seiner Frau, einer jungen Schweizerin aus Biel, eingeladen. Kurz vor Mitternacht strömten alle wieder dem Eßsaal zu: Auf den Tischen standen Kekse und Kanapées, dazwischen krabbelte eine Kakerlake.

Herr L. wollte sie erschlagen, sein Nachbar fiel ihm in den Arm und fragte: ›Kennen Sie die Devise des Doktors nicht?‹

Dr. Schweitzer setzte sich an das Klavier und begleitete unser Lied. Die Glocken der Mission läuteten den Jahreswechsel ein, mit Punsch wurde angestoßen, im Gänsemarsch zogen wir am Doktor vorbei. Ich bedauerte ihn, da er die ganze Zeit stehen und mit der Menge anstoßen mußte.

Bald darauf zog er sich zurück.

Auch wir, nicht zuletzt von der langen Fahrt erschöpft, suchten bald unser ›Sanssouci‹ auf.

Trotz der beiden großen Spinnen, gegen die ich normalerweise eine Phobie habe, die ich aber aus Respekt vor dem Doktor diesmal einfach ignorierte, schlief ich gut.

Albert Schweitzer und Siegwart-Horst Günther, 27. August 1963

So streifte ich munter am nächsten Tag allein auf dem Gelände des Hospitals herum. Es war ja Feiertag. Herr L. arbeitete allerdings den ganzen Tag schwer am Generator.

Zwischen Ziegen und Schafen und Hühnern (die alle kleine Küken zu haben schienen), Hunden, Katzen und Affen wanderte ich zu den Krankenbaracken hinunter. Die Kranken lagen auf einfachen Holzpritschen und wurden von ihren Angehörigen betreut. Diese saßen – mit Kind und Kegel – vor den Zimmern, kochten auch dort für sich und den Kranken (das Hospital gab ihnen Bananen und Reis) oder halfen bei anderen Arbeiten im Hospital mit. Das war dann sozusagen die Bezahlung für den Aufenthalt des Kranken.

Wenn man bedachte, daß viele Stämme sich untereinander noch feindlich gesinnt waren, Kranke von verschiedenen Stämmen nicht zusammengelegt werden konnten, weil sie Angst hatten, der andere (oder z. B. der Pfleger vom anderen Stamm) könne ihn mit dem bösen Blick strafen oder – noch schlimmer – gar vergiften, so war es für die Moral und die Gesundung

Gottesdienst am Sonntag im Urwaldhospital, der zu präventivmedizinischen Erklärungen genutzt wird: Krankenpfleger empfehlen das Tragen von Schuhen, die verhindern, daß die Erreger der Hakenwurmkrankheit sich durch die Fußsohlen bohren können

sicher vorteilhafter, wenn der Kranke von eigenen Stammesangehörigen gepflegt wurde.

Dem trug Dr. Schweitzer Rechnung.

Bald gesellte sich eine junge Straßburgerin zu mir, die den Doktor schon längere Zeit kannte und seit einigen Wochen sein Gast in Lambaréné war. Sie arbeitete im Lepradorf und erbot sich, es mir zu zeigen.

Es lag etwa fünf Minuten entfernt vom Hospital – ein sauberes kleines ›village‹. Die meisten Kranken waren in ihren Hütten. Einige mit bandagierten Händen oder Füßen grüßten uns freundlich. Meine Bewunderung für alle, die so selbstlos zum Helfen nach Lambaréné gekommen waren, stieg von Minute zu Minute. Gut, manche hatten es sicher auch deswegen getan, um sich im Glanz des Doktors etwas zu sonnen – aber war es nicht unerheblich, wodurch jemand zum Helfen angeregt wurde? Ich war mir fast sicher, daß der Doktor in dieser Hinsicht keine falsche Scham hatte.

Am Nachmittag nahm ich mir eine Piroge (Einbaum) mit Außenbordmotor (welch ein Anachronismus) und fuhr über den Fluß nach Lambaréné-Ville. Es war ein herrliches Gefühl, sich den Wind auf der weiten Fläche des Ogowe-Flusses um die Ohren wehen zu lassen, endlich mal der schwülfeuchten Hitze entronnen. Der Fluß war sehr breit, ich war nie sicher, ob ich nun das andere Ufer sah oder nur eine Insel, eine der vielen, die ihn so unübersichtlich erscheinen ließen. Die Abendstimmung war wundervoll.

Am Samstagmorgen führte uns ein junger deutscher Arzt, Dr. Kreyer, durch die ganze Anlage. Er meinte im Laufe unseres Gespräches lächelnd, daß das Hospital und die Art und Weise des Doktors, es zu führen, den sterilen Westeuropäer zwar im ersten Augenblick schockiere, die Medizin, die angewandt werde, jedoch einwandfrei sei. Es gäbe u. a. eine viel niedrigere Wundinfektionsrate in Lambaréné als z. B. selbst in Europa.

Soweit ich es im Vorbeigehen beurteilen konnte, waren die Behandlungsstationen sehr sauber; der Operationssaal hatte sogar elektrisches Licht (Grund unserer Anwesenheit). Es gab einen modernen Sterilisierraum, eine Röntgenstation und eine Zahnstation, die von den Ärzten abwechselnd geführt wurde. In einigen Stationen wurden die Wände gerade mit Lysol abgewaschen.

Das geschehe jeden Samstag, sagte Dr. Kreyer.

In der Pharmazie saß Dr. Schweitzer an seinem Schreibtisch. Auch die anderen Ärzte steckten mitten in der Arbeit. Sie hatten jeweils einen Übersetzer neben sich sitzen, der verschiedene Eingeborenensprachen sprach.

Dr. Kreyer führte uns weiter: zur Maternité (wobei mir die Gerüchte einfielen, daß im modernen Krankenhaus in Libreville die Ratten an den Neugeborenen nagten) und zur Schwerkrankenstation. Hier lagerten keine Angehörigen drumherum.

Von einer jungen Schweizerin betreut, lagen die Kranken in einer im Vergleich zu den anderen Stationen verblüffenden Ordnung und tadellosen Sauberkeit. Etwas abseits kam die Station der Geistesgestörten.

Bei diesem Rundgang durch die Krankenstationen und dadurch, daß es mir vergönnt war, im Hospital selbst zu wohnen (und nicht im *Hotel en ville*), bekam ich ein besseres Gefühl für die Bedeutung dieses großen Werkes.

Die ›armen‹ Weißen – wie es kurz zuvor noch von einer deutschen Illustrierten kritisiert worden war – mußten zwar mit einfachsten Lebensbedingungen zurechtkommen. Dafür brach aber die moderne Technik auch nicht gleich unter den tropischen Bedingungen zusammen.

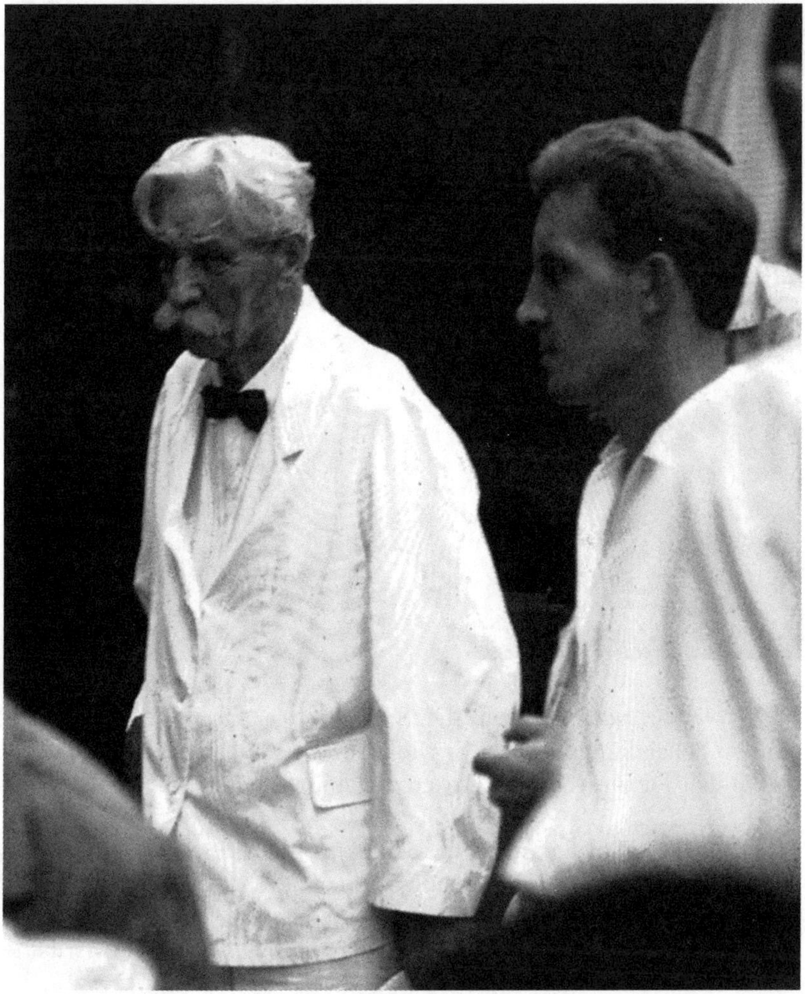

Für die wirklich armen, eingeborenen Kranken, denen ja geholfen werden sollte, waren die Bedingungen optimal.

Nachmittags strolchten Herr L., der endlich seinen Generator repariert hatte, und ich mit dem Jeep durch die Gegend. Von der Anhöhe bewunderten wir den herrlichen Blick über den Fluß mit den vielen kleinen Pirogen. In der Ferne grüßte die reizende kleine Holzkirche der evangelischen Mission. Ein Abstecher nach Lambaréné-Ville durfte natürlich nicht fehlen.

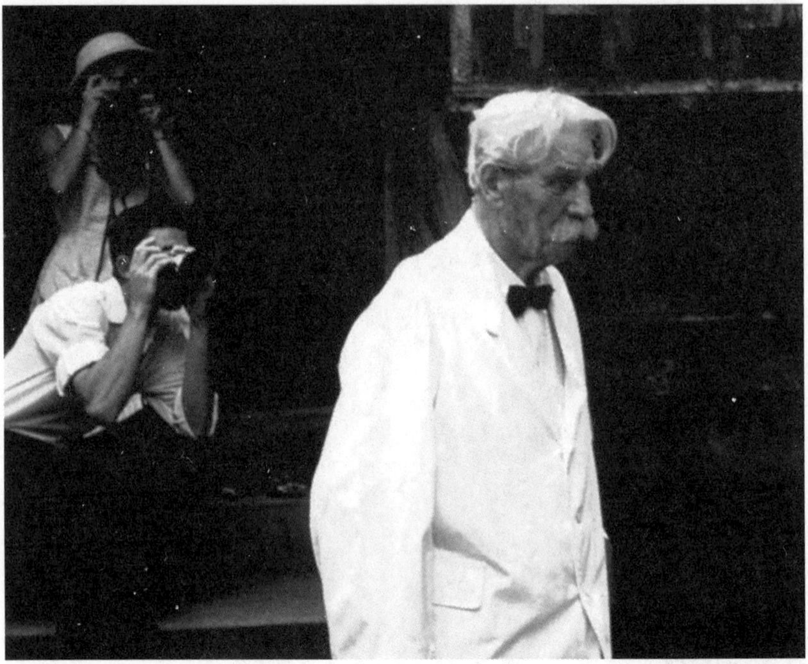

Als wir zurückkamen, stand Dr. Schweitzer gerade mit einigen Herren vor den Behandlungsräumen. Er winkte uns freundlich heran und fragte, ob wir den Tag gut verbracht hätten. Bei mir erkundigte er sich jedesmal, wer ich sei.

Ich denke mir, daß das sofortige Vergessen von belanglosen Dingen/Besuchern etc. generell eine Art Schutzmaßnahme des Alters ist. Dieser verehrungswürdige Mann hätte für keinen anderen Gedanken mehr Platz gehabt, wenn er die Namen und Besuchszwecke all seiner Besucher hätte behalten wollen.

An Herrn L. erinnerte er sich jedoch und fragte interessiert, wie es dem Generator gehe.

Wann immer das Gespräch auf moderne Installationen kam, winkte er ab. Man könne sich ja doch nicht darauf verlassen, meinte er mit einem Lächeln, wobei sich sein ganzes Gesicht in Fältchen zog. Bei einer Petroleumlampe wüßte er jedenfalls, woran er sei, und sie könnte er auch selbst wieder in Ordnung bringen.

Ein Herr machte gerade Fotos. So fragte ich, ob er es uns auch gestatten würde. ›Sündigen Sie nur, ohne zu fragen‹, war Schweitzers Antwort. Geduldig wartete er, bis ich genug hatte.

Er entzog sich in dieser Hinsicht keiner Aufgabe, er wußte um seine Berühmtheit, und wenn die Menschen schon seinetwegen kamen, spendeten, halfen oder auch nur als Touristen vorbeischauten, so entzog er sich nicht seiner Verantwortung, sich ihnen auch zu zeigen.

Dies sagte mir Fräulein Kottmann, die sich große Sorgen wegen seines bevorstehenden 90. Geburtstags am 14. Januar machte.

Zum Abendessen versammelten wir uns wieder alle im Eßsaal. Die Glocken läuteten den Sonntag ein – wie in Europa. Das Essen war sehr gut und reichlich. Vorspeise, Hauptgericht und Dessert, dazu Wasser, an Feiertagen Bier.

Zum Personal gehörten viele junge Mädchen, meistens Schweizerinnen. Sie kamen als Pflegerinnen oder überwachten die Lingerie, arbeiteten auf der Plantage oder im Küchengarten.

Einige amerikanische Peace-Corps-Angehörige strichen gerade die Pharmazie im Lepradorf.

So hatte jeder seine Aufgabe. Das und die Gegenwart des berühmten Mannes schien sie auszufüllen. Da es wieder Elektrizität gab, konnte nach der Abendandacht das übliche Samstagabendkonzert stattfinden. Wir hörten Ausschnitte aus ›Tristan und Isolde‹, von Furtwängler dirigiert.

Es war anrührend zu sehen, wie Dr. Schweitzer, wenn immer der Name einer berühmten Persönlichkeit fiel, sich mit der Hand durch die strähnigen Haare fuhr und lächelnd meinte: ›Den hab ich auch gekannt. Das ist ein alter Freund von mir.‹

Die Erinnerung ließ sein Gesicht aufleuchten, dann wurde es wieder müde, abwesend; er hatte sich seiner Umwelt entzogen.

Gegen 10.00 Uhr am Sonntagmorgen verabschiedeten wir uns von Fräulein Kottmann und Dr. Schweitzer. Er bat uns für einen Augenblick in sein Zimmer. Das Zimmer war etwas größer als andere, sonst aber so einfach wie möglich eingerichtet. Ein Bett, von einem Moskitonetz verdeckt, ein oder zwei Kommoden, ein großer Schreibtisch über und über mit Briefen, Papieren, Büchern bedeckt. Dr. Schweitzer erzählte ein wenig von seinen Anfängen: Wie einfach es damals noch gewesen sei, sich auszubreiten, weil der Boden für wertlos gehalten wurde, und daß man ihn jetzt per Quadratmeter kaufen müsse.

Mit anrührendem Stolz sprach er von dem Bau der Holzhäuser und seinen Erfahrungen mit den eingeborenen Helfern. Schließlich ermahnte er

Am 14. Januar 1965, an seinem 90. Geburtstag, erhielt in Lambaréné eine Straße seinen Namen

mich noch, als er hörte, daß ich meist ohne Kopfbedeckung draußen herumlief, sein Pflegepersonal müsse unter allen Umständen Kopfbedeckung tragen.

Bald schon stand Fräulein Kottmann auf.

Wenn gewisse Zeitschriften schreiben, der Doktor werde überwacht, so kann ich nur sagen: Zum Glück wird er das!

Mit liebevoller Fürsorge halten ihm seine engsten Mitarbeiter sein Umfeld frei, damit ihm in seinem hohen Alter die Zeit und die Kraft für die ihm wichtigen Aufgaben bleibt.

Nachdem uns Prof. Mai noch eine Boa Constrictor, die am Tag zuvor im Lepradorf getötet worden war, gezeigt hatte, traten wir, mit einem großen Proviantpaket versehen, die Heimreise an.

Nach sechsstündiger Fahrt, rotgestaubt wie die Indianer, hundemüde, aber dankbar für die im Leben wohl einmaligen Erfahrungen, trafen wir wieder in Libreville ein.

Ich besuchte im August 1965 als Tourist mit Unterkunft in Lambaréné-Ville das Hospital ein zweites Mal. Am 4. September starb Dr. Schweitzer.

Selbst 14 Tage vor seinem Tod stellte er sich in seiner Achtung vor den Menschen noch geduldig den Fotografen, damit sie nicht umsonst gekommen waren.«

Soweit Ulrike Gutsche.

Ich kann, mit Blick auf die Haut der Boa Constrictor an meiner Wand, alles bestätigen, was sie mitteilte: Genau so war er.

Genau so war es.

Nicht auf das Wort, sondern auf die Tat kommt es an

Von Prof. Dr. Stefan Schubert,
Universität Leipzig, Fachbereich Infektions- und Tropenmedizin

Albert Schweitzer gehört zu den herausragenden humanistischen Persönlichkeiten des vergangenen Jahrhunderts. Er hat in besonderem Maße das ethische Denken geprägt. Sein Gedankengut ist nicht nur heute noch aktuell – es ist zeitlos, und es wird immer aktueller, je mehr die Gefahr zunimmt, daß sich die Menschheit durch Mißbrauch ihrer immer größer werdenden wissenschaftlich-technischen Errungenschaften selbst bedroht.

Er war ein Mahner, der die große Gabe besaß, sich einfach und unmißverständlich auszudrücken. Vokabeln wie Kapitalismus, Kommunismus, Demokratie usw. wird man in seinen Schriften vergeblich suchen. Dagegen fordert er »Ehrfurcht vor dem Leben«, welche für ihn die Grundlage für einen gedeihlichen Fortbestand der Menschheit darstellt. Jede gesellschaftliche Formation ist daher an der Einhaltung dieser Ehrfurcht zu messen.

Er war aber nicht nur ein Mahner, sondern ein Mensch äußerst aufopferungsvollen humanistischen Wirkens, getragen von tiefem christlichen Glauben. Er wurde darin bestärkt durch seine Ehefrau, welche entbehrungsvoll seinen außergewöhnlichen Lebensweg mitgegangen ist.

»Nachfolge Jesu ohne Wenn und Aber« war das Leitmotiv, sich aus einer gesicherten bürgerlichen und erfolgreichen akademischen Position heraus noch zum Medizinstudium zu entschließen, um den Ärmsten der Armen im afrikanischen Urwald unter großer Entbehrung und Gefahr für das eigene Leben zu dienen. Die meiste Zeit seines begnadet langen Lebens und Wirkens auf verschiedenen Gebieten war er daher Arzt im Urwald, Chirurg unter sehr einfachen Bedingungen. Nicht auf das Wort, sondern auf die Tat kommt es an, auf die Liebe zum Nächsten – »was ihr getan habt an den Ärmsten unter meinen Brüdern und Schwestern, das habt ihr mir getan«. Er befolgte dieses Wort Jesu in besonders eindrucksvoller Weise.

Schweitzer steht daher sehr überzeugend für Glaubwürdigkeit christlichen Bekenntnisses, für Glaubwürdigkeit von Wort und Tat insgesamt.

Seine Haltung besitzt daher Allgemeingültigkeit auch für humanistisch denkende und fühlende Gläubige anderer Religionen sowie für Menschen atheistischer Weltanschauung.

Es ist globales, auf das Wohl der gesamten Menschheit und die Erhaltung der Natur ausgerichtetes Denken und Handeln.

Viele Menschen auf der Erde, welcher Überzeugung auch immer, die im Kleinen wie im Großen – bewußt oder unbewußt – in seinem Sinne in ihrem Umkreis wirken, finden sich daher durch sein Beispiel bestärkt, sich weiterhin mit Liebe und Zuwendung für das Wohl von Mitmenschen und für die Erhaltung der Natur, die Bewahrung der Schöpfung, einzusetzen.

Es nahm daher nicht Wunder, daß Prof. Dr. Albert Schweitzer bereits zu Lebzeiten in aller Welt geehrt wurde und man seine Schriften in zahlreiche Sprachen übersetzte. Da er nicht auf Ideologien festgelegt war, sondern stets die gesamte Menschheit im Blick hatte, wurde er auch zu Zeiten des Kalten Krieges in verfeindeten Lagern gleichermaßen geehrt. Darüber hinaus gab es auch Versuche, ihn zu vereinnahmen, ihn aber auch zu verunglimpfen – vor allem durch Kräfte, deren Interessen mit seinem konsequenten Eintreten für Weltfrieden und atomare Abrüstung nicht übereinstimmten, vereinzelt in den letzten Jahren auch durch einige afrikanische Intellektuelle, die aus einer bestimmten postkolonialen Sicht sich nicht in die Situation der armen Bevölkerungsschichten hineinversetzen können und daher sein aufopferungsvolles Wirken nicht richtig verstehen.

Prof. Dr. med. Dr. phil. Siegwart-Horst Günther ist uns in Leipzig bereits seit vielen Jahren durch seine Vorträge über Albert Schweitzer, aber auch auf Grund seines mutigen Eintreten für eine friedlichere Welt bekannt.

Sein Leben verlief seit früher Kindheit außergewöhnlich – wie bei unzähligen Menschen seiner Generation –, und das tut es noch heute. Seine Erfahrungen haben ihn immer wieder veranlaßt, als Arzt mutig seine Stimme gegen den Krieg und den Einsatz verheerender Technologien zu erheben. Dies ist ganz bestimmt auch auf seine Bekanntschaft mit Albert Schweitzer zurückzuführen. Zwei Jahre hat er bei ihm als Arzt mitgearbeitet, diese Zeit hat ihn für das weitere Leben geprägt.

Wegen seines mutigen Eintretens für friedliche Konfliktlösungen, besonders während der vergangenen Jahre am Golf, hat Prof. Günther zahlreiche internationale Ehrungen erfahren. Bei seinen öffentlichen Auftritten betont er stets, daß wir Ärzte sind und nicht Politiker, daher bereits von Berufs wegen für die Erhaltung von Leben und Gesundheit – wo immer auf der Erde – einzutreten haben und nicht für andere Ziele.

15. Mai 2003: Verleihung der Ehrendoktorwürde in Warschau

Dieses Prinzip, welches weitgehend durch Albert Schweitzer mitgeprägt worden ist, hat Siegwart-Horst Günther in seinem Text nicht angesprochen. Er berichtet lediglich über seinen Aufenthalt in Lambaréné. Die Schlichtheit und Bescheidenheit dieses großen Humanisten und glaubwürdigen Christen, sein aufopferungsvolles umfangreiches ärztliches Tagewerk bis ins hohe Alter gehen deutlich daraus hervor. Die Kritiker müssen sich fragen lassen, ob sie sich jemals hätten entschließen können und wollen, unter solchen außerordentlich bescheidenen und gesundheitsgefährdenden Bedingungen zu leben, um den Ärmsten in ihren Völkern helfen zu können?

Albert Schweitzer hat es freiwillig getan, lebenslang.

Die Schilderungen Prof. Günthers zeigen auch die Mühseligkeit für die Selbstversorgung der Bevölkerung, zum Beispiel mit Fleisch. Durch tieferes Nachdenken gelangte Albert Schweitzer angesichts der ursprünglichen, harten Lebensweise einmal zu der Feststellung des zu respektierenden Lebensprinzips zwischen Mensch und Tier: »Ich bin Leben, das leben will, inmitten von Leben, das leben will.« Wer von uns macht sich noch solche Gedanken, wenn er im Supermarkt, oft mehr als für ihn gesund, Fleisch einkauft?

Albert Schweitzer
World Academy of Medicine

Prof. Dr. Siegwart-Horst Günther

HES BEEN AWARDED THE DEGREE OF

DOCTOR HONORIS CAUSA
of PHILOSOPHY
(in Humanities)

THE OPEN INTERNATIONAL UNIVERSITY
FOR
COMPLEMENTARY MEDICINES

CHARTER OF MEDICINA ALTERNATIVA

Für Ärzte und medizinisches Personal, aber auch für Politiker des Gesundheitswesens in unseren modernen Industrieländern sind die Schilderungen der medizinischen Aspekte und insbesondere der Konzeptionen Albert Schweitzers für die Einrichtung des Hospitals und die Aufrechterhaltung seiner Funktionsfähigkeit besonders aufschlußreich. Gerade in einer Zeit, in welcher bei uns die Krankenhauskosten enorm gestiegen sind und mitunter kaum noch bezahlt werden können, sieht man dadurch im Vergleich, mit wie wenig Mitteln und zugleich wie effektiv stationäre und ambulante Krankenhaus-Grundversorgungen einschließlich Operationen auch durchgeführt werden können.

Möge die Aufzeichnungen von Herrn Prof. Günther, einem der ehemaligen ärztlichen Mitarbeiter von Albert Schweitzer, eine weite Verbreitung beschieden sein – besonders in unserer Zeit, in welcher die Ehrfurcht vor dem Leben oft als Basis unseres Fühlens und Denkens abhanden zu kommen scheint und Vorbilder für eine geistig-sittliche Ordnung nicht sehr häufig sind.

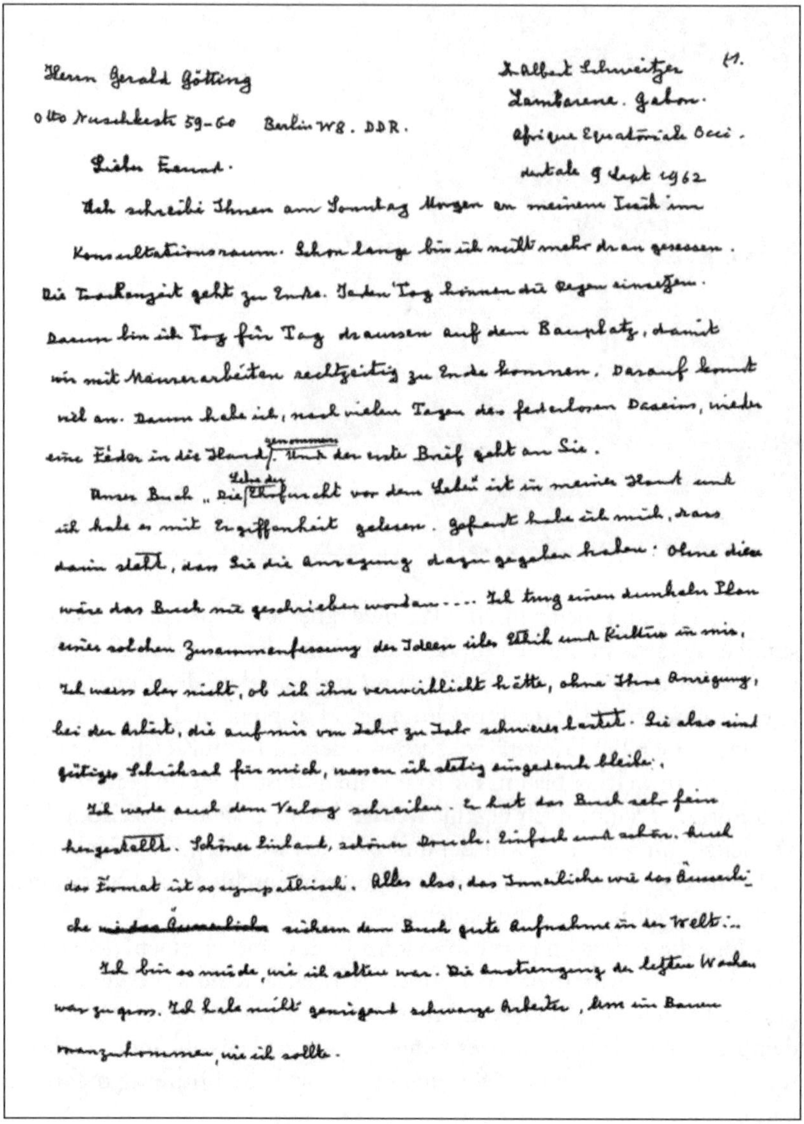

Herrn Gerald Götting
Otto Nuschkestr. 59-60 Berlin W8. DDR.

Dr. Albert Schweitzer 11.
Lambarene. Gabon.
Afrique Equatoriale Occi-
dentale 9 Sept 1962

Lieber Freund.

Ich schreibe Ihnen am Sonntag Morgen an meinem Tisch im Konsultationsraum. Schon lange bin ich nicht mehr dran gesessen. Die Trockenzeit geht zu Ende. Jeden Tag können die Regen einsetzen. Darum bin ich Tag für Tag draussen auf dem Bauplatz, damit wir mit Maurerarbeiten rechtzeitig zu Ende kommen. Darauf kommt viel an. Darum habe ich, nach vielen Tagen des federlosen Daseins, wieder eine Feder in die Hand genommen. Und der erste Brief geht an Sie.

Unser Buch „Die Lehre der Ehrfurcht vor dem Leben" ist in meiner Hand und ich habe es mit Ergriffenheit gelesen. Gefreut habe ich mich, dass darin steht, dass Sie die Anregung dazu gegeben haben: Ohne diese wäre das Buch nie geschrieben worden.... Ich trug einen dunkeln Plan einer solchen Zusammenfassung der Ideen über Ethik und Kultur in mir. Ich weiss aber nicht, ob ich ihn verwirklicht hätte, ohne Ihre Anregung, bei der Arbeit, die auf mir von Jahr zu Jahr schwerer lastet. Sie also sind gütiges Schicksal für mich, wessen ich stetig eingedenk bleibe.

Ich werde auch dem Verlag schreiben. Er hat das Buch sehr fein hergestellt. Schöner Einband, schöner Druck. Einfach und schön. Auch das Format ist so sympathisch. Alles also, das Innerliche wie das Äusserliche ~~wie das Äusserliche~~ sichern dem Buch gute Aufnahme in der Welt...

Ich bin so müde, wie ich selten war. Die Anstrengung der letzten Wochen war zu gross. Ich habe nicht genügend schwarze Arbeiter, um im Bauen voranzukommen, wie ich sollte.

Korrespondenz Schweitzers mit Götting wegen des nachfolgenden Textes, 9. September 1962. Fortsetzung des Briefes auf der nächsten Seite

Albert Schweitzer: Die Lehre der Ehrfurcht vor dem Leben

*Das Problem der Ethik in der Höherentwicklung des menschlichen Denkens**

Das, was wir nach einem dem Griechischen entlehnten Wort *Ethik* und nach einem dem Lateinischen entnommenen *Moral* nennen, besteht ganz allgemein in dem rechten menschlichen Verhalten. Nicht nur unser eigenes, sondern auch der anderen Wohl, wie auch das der menschlichen Gesellschaft, hat uns zu beschäftigen.

Der erste Fortschritt in der Entwicklung der Ethik wird erreicht, wenn der Kreis der Solidarität mit anderen Menschen sich erweitert.

Für den Primitiven hat die Solidarität enggezogene Grenzen. Sie beschränkt sich auf seine Blutsverwandten im weiteren Sinne, das heißt, auf die Mitglieder seines Stammes, die für ihn die Familie im Großen repräsentieren. Ich spreche aus Erfahrung. In meinem Spital habe ich solche Primitiven. Wenn ich einem nicht bettlägrigen Patienten aus dieser Gruppe kleine Dienste für einen Kranken auftrage, der das Bett hüten muß, wird er es nur tun, wenn dieser des gleichen Stammes ist wie er. Ist dies nicht der Fall, wird er mir treuherzig antworten: »Dieser ist nicht Bruder von mir.« Weder durch Belohnung noch durch Drohung wird er sich bewogen fühlen, diesem Fremden einen Dienst zu leisten.

Sobald indessen der Mensch über sich und sein Verhältnis zu den anderen nachzudenken beginnt, wird er sich bewußt, daß der Mensch als solcher seinesgleichen und sein Nächster ist. Im Laufe einer allmählichen Entwicklung sieht er den Kreis seiner Verantwortlichkeit sich ausdehnen, bis er alle menschlichen Wesen, mit denen er in Beziehung kommt, in sich begreift.

---

* *Diese konzentrierte Darlegung der Sichten Albert Schweitzer entstand auf Anregung Gerald Göttings, worauf Schweitzer explizit hinwies. Götting besorgte die Herausgabe und Drucklegung in mehreren Sprachen. Das von Schweitzer mit Tinte redigierte Manuskript befindet sich in seinem Besitz.*

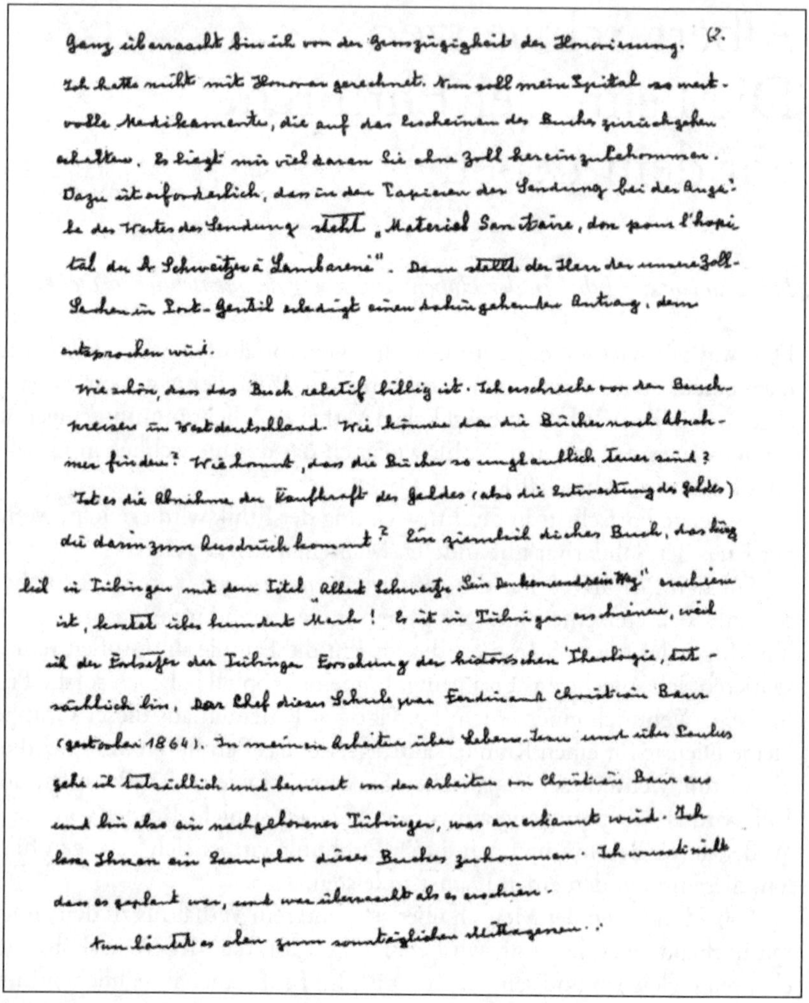

Ganz überrascht bin ich von der Grosszügigkeit der Honorierung. (2.

Ich hatte nicht mit Honorar gerechnet. Nun soll mein Spital so wertvolle Medikamente, die auf das Erscheinen des Buchs zurückgehen erhalten. Es liegt mir viel daran sie ohne Zoll hereinzubekommen. Dazu ist erforderlich, dass in den Papieren der Sendung bei der Angabe des Wertes der Sendung steht „Materiel Sanitaire, don pour l'hôpital du Dr Schweitzer à Lambaréné". Dann stellt der Herr der inneren Zoll-Sachen in Port-Gentil erledigt einen dahingehenden Antrag, dem entsprochen wird.

Wie schön, dass das Buch relativ billig ist. Ich erschrecke vor den Buchpreisen in Westdeutschland. Wie können da die Bücher noch Abnehmer finden? Wie kommt, dass die Bücher so unglaublich teuer sind? Ist es die Abnahme der Kaufkraft des Geldes (also die Entwertung des Geldes) die darin zum Ausdruck kommt? Ein ziemlich dickes Buch, das kürzlich in Tübingen mit dem Titel „Albert Schweitzer. Sein Denken und sein Weg" erschienen ist, kostet über hundert Mark! Es ist in Tübingen erschienen, weil ich der Fortsetzer der Tübinger Forschung der historischen Theologie, tatsächlich bin. Der Chef dieser Schule war Ferdinand Christian Baur (gestorben 1864). In meinen Arbeiten über Leben-Jesu und über Paulus gehe ich tatsächlich und bewusst von den Arbeiten von Christian Baur aus und bin also ein nachgeborener Tübinger, was anerkannt wird. Ich lasse Ihnen ein Exemplar dieses Buches zukommen. Ich wusste nicht dass es geplant war, und war überrascht als es erschien.

Nun läutet es aber zum sonntäglichen Mittagessen..

Von dieser höher entwickelten ethischen Anschauung ließen sich leiten: die chinesischen Denker Laotse, geboren 604 vor Christus, Konfutse (Konfuzius) (551–478 v. Chr.), Meng-tse (372–289 v. Chr.), Tschuangtse (4. Jahrhundert v. Chr.), die israelitischen Propheten Amos, Hosea und Jesaja (7. Jahrhundert v. Chr.). In der Verkündigung Jesu wie in der des Apostels Paulus ist der Gedanke, daß der Mensch jedem menschlichen Wesen verpflichtet ist, ein fundamentaler Grundsatz der Ethik.

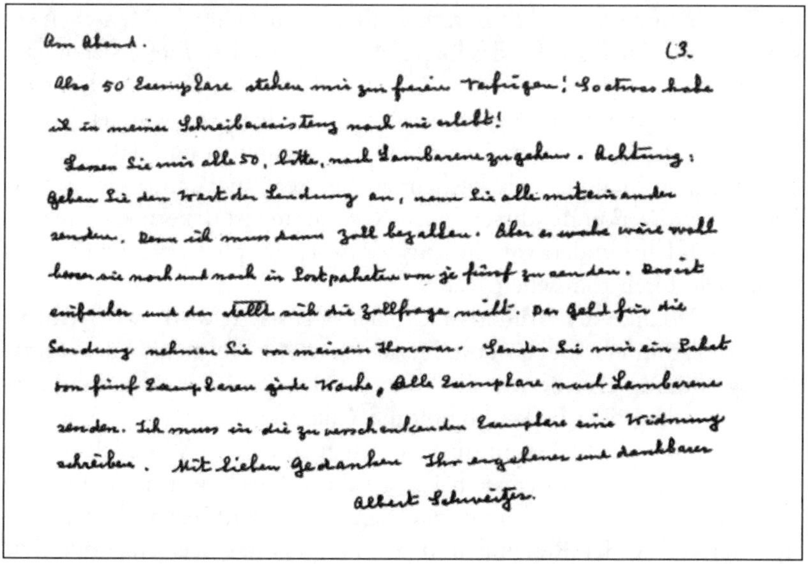
Am Abend. 13.

Also 50 Exemplare stehen mir zur freien Verfügung! So etwas habe ich in meiner Schreiberexistenz noch nie erlebt!

Lassen Sie mir alle 50, bitte, nach Lambarene zugehen. Achtung: Geben Sie den Wert der Sendung an, wenn Sie alle miteinander senden. Denn ich muss dann Zoll bezahlen. Aber es wäre wohl besser sie nach und nach in Postpaketen von je fünf zu senden. Das ist einfacher und da stellt sich die Zollfrage nicht. Das Geld für die Sendung nehmen Sie von meinem Honorar. Senden Sie mir ein Paket von fünf Exemplaren jede Woche, Alle Exemplare nach Lambarene senden. Ich muss in die zu verschenkenden Exemplare eine Widmung schreiben. Mit lieben Gedanken Ihr ergebener und dankbarer

Albert Schweitzer.

Für die großen Denker Indiens, ob sie dem Brahmanismus, dem Buddhismus oder dem Hinduismus angehören, ist die Idee der Bruderschaft aller menschlichen Wesen in der metaphysischen Auffassung des menschlichen Seins gegeben. Es entstehen aber für sie Schwierigkeiten, sobald sie diese Vorstellung ihrer Ethik zur Geltung bringen wollen. Es gelingt ihnen nicht, die in Indien durch das Vorhandensein verschiedener Kasten geschaffenen Schranken zwischen den Menschen zu beseitigen.

Auch Zarathustra, der im 7. Jahrhundert v. Chr. in Baktrien (Ostiran) gelebt hat, kann nicht zu der Auffassung von der Brüderlichkeit aller Menschen gelangen, weil er einen Unterschied zwischen denen, die an Ahura Mazda, den Gott des Lichts und des Guten, glauben, und denen, die es nicht tun, aufrechterhalten muß. Er fordert, daß die Gläubigen im Kampf für Ahura Mazda diese Ungläubigen als Feinde betrachten und als solche behandeln. Um diese Haltung zu verstehen, muß man die Tatsache im Auge behalten, daß die Gläubigen die seßhaft gewordenen Stämme in Baktrien (Ostiran) waren, die als friedliche Ackerbauer zu leben begannen, während die Nichtgläubigen räuberische Nomaden blieben.

Platon wie auch Aristoteles und mit ihnen die anderen griechischen Philosophen der klassischen Epoche haben ein Verhältnis nur zu den freien griechischen Menschen, denen die Sorge um ihren Lebensunterhalt fremd ist. Wer nicht zu dieser Aristokratie zählt, gilt ihnen als ein Menschenwesen minderer Qualität, für das man sich nicht weiter zu interessieren hat.

Erst in der zweiten Epoche des griechischen Denkens, welche die Schule der Stoiker und der Epikuräer hervorgebracht hat, wird von den Vertretern beider Richtungen die Gleichheit aller Menschen und das Interesse, sich mit dem Menschen als solchem zu befassen, anerkannt. Der bemerkenswerteste Verkünder dieser neuen Anschauung ist der Stoiker Panätius aus dem 2. Jahrhundert vor Christus. Er ist der Prophet des Humanismus in der griechisch-römischen Welt.

Der Gedanke der Brüderlichkeit der Menschen wird in der Antike nicht volkstümlich. Doch ist die Tatsache, daß die Philosophie die Humanitätsgesinnung als eine von der Vernunft eingegebene Anschauung proklamiert, von großer Bedeutung für die Zukunft.

Allerdings hat die Erkenntnis, daß das menschliche Wesen als solches ein Recht auf unser Interesse habe, nie die völlige Autorität, auf die sie Anspruch hat, erlangt. Bis in unsere Tage hinein wird sie von Unterschieden der Rasse, der Religion und der Nationalität beeinträchtigt. Die Fremdheit, die dadurch zwischen Menschen geschaffen wird, haben wir noch nicht überwunden.

Was die Höherentwicklung der Ethik angeht, muß der Einfluß, den die Art der Weltanschauung auf sie ausübt, in Betracht gezogen werden. Es besteht ja ein grundsätzlicher Unterschied in der Beurteilung dieser Welt. Die einen Weltanschauungen nehmen eine positive Haltung zu ihr ein. Sie legen den Dingen dieser Welt und der Existenz in ihr eine Bedeutung bei. Es gibt aber auch Weltanschauungen, die geringschätzig von der Welt denken. Sie empfehlen Teilnahmslosigkeit an allem, was sie betrifft. Die Weltbejahung stimmt mit unserem natürlichen Empfinden überein. Sie hält uns an, uns in dieser Welt heimisch zu fühlen und in ihr zu wirken. Die Weltverneinung ist unnatürlich. Sie mutet uns zu, in der Welt, der wir doch angehören, als Fremdlinge zu leben und einer Tätigkeit in ihr keinen Sinn zuzuerkennen.

Ihrem Wesen nach ist die Ethik weltbejahend. Sie will im Sinne des Guten tätig und wirksam sein. Daraus ergibt sich, daß die Bejahung der Welt günstigen Einfluß auf die Höherentwicklung der Ethik hat, während diese in der Weltverneinung Mühe hat zu gedeihen. Im ersten Fall kann sie sich so geben, wie sie ist, im zweiten wird sie unnatürlich.

Die Weltverneinung ist von den Denkern Indiens und vom Christentum der antiken Welt und des Mittelalters gelehrt worden. Für Weltbejahung traten ein die chinesischen Denker, die Propheten Israels, Zarathustra und die europäischen Denker der Renaissance und der modernen Zeit.

Für die indischen Denker ergibt sich die negative Einstellung zur Welt aus ihrer Überzeugung, daß das wahre Sein immateriell, unveränderlich und ewig ist, während das Wesen der materiellen Welt künstlich, trügerisch und vergänglich ist. Die Welt, die wir uns real vorstellen, ist für sie nur ein in Zeit und Raum erscheinendes Abbild des immateriellen Seins. Ihrer Meinung nach ist der Mensch im Irrtum befangen, wenn er dieses Trugbild und die Rolle, die er in ihm spielt, ernst nimmt.

Die einzige mit dieser Anschauung zu vereinbarende Haltung ist die der Nicht-Aktivität (Tatenlosigkeit). Diese kann in einem gewissen Maße einen ethischen Charakter haben. In der Teilnahmslosigkeit an den Dingen dieser Welt ist der Mensch frei von dem Egoismus, den materielle Interessen in ihm wachrufen. Mehr noch: die Nichtaktivität steht in Verbindung mit der Idee der Gewaltlosigkeit. Sie bewahrt den Menschen vor der Gefahr, durch Gewalttätigkeiten anderen Übel anzutun.

Die indischen Denker des Brahmanismus, der Samkhya und des Jainismus rühmen, wie auch Buddha, die Gewaltlosigkeit, die sie »Ahimsa« nennen, und sehen in ihr die erhabene Ethik. Aber die so gesinnte Ethik ist unvollkommen und unvollständig. Sie gestattet dem Menschen den Egoismus, gänzlich auf sein Heil bedacht zu sein, welches er durch die Beobachtung der mit der wahren Erkenntnis übereinstimmenden Tatenlosigkeit zu erlangen trachtet. Sein Mitleid ist nicht natürlich, sondern geht auf seine metaphysischen Theorien zurück. Es fordert nur die Enthaltung vom Übel, nicht eine dem Guten geweihte Tätigkeit, die von einer natürlichen Vorstellung des Guten eingegeben ist.

Allein die mit der Bejahung der Welt verbundene Ethik kann natürlich und vollständig sein. Wenn indische Denker sich bewogen fühlen, sich für eine weniger eingeschränkte Ethik als die des Ahimsa zu entscheiden, so läßt sich dies nur durch Konzessionen erreichen, die sie der Weltbejahung und dem Grundsatz der Aktivität machen. Buddha, der sich gegen die Kälte der brahmanischen Lehre erhebt und Mitleid predigt, widersteht nur mit Mühe der Versuchung, vom Grundsatz der Nicht-Aktivität abzugehen. Mehr als einmal unterliegt er ihr dort, wo er sich der Taten der Nächstenliebe und ihrer Empfehlung an seine Jünger nicht enthalten kann.

Im Namen der Ethik führt die Weltbejahung jahrhundertelang in Indien einen geheimen Kampf gegen den Grundsatz der Nicht-Aktivität. Im Hinduismus, der eine religiöse Bewegung gegen die überspannten

Forderungen des Brahmanismus ist, vermochte die Aktivität sich eine mit der Nicht-Aktivität gleichberechtigte Stellung zu verschaffen. Das Miteinander beider wird in dem großen Lehrgedicht der »Bhagavad-Gîtâ«, einem Teil des großen indischen Epos Mahâbhârata, verkündet und festgelegt.

Die Bhagavad-Gîtâ läßt die Weltanschauung des Brahmanismus gelten. Sie urteilt, daß die materielle Welt nur eine scheinbare Realität ist und unser Interesse nicht beanspruchen darf. Demnach ist die Welt nichts weiter als ein Schauspiel, das Gott sich selber bereitet. Das Natürlichste ist, daß der Mensch sich als Zuschauer dieses Schauspiels verhält.

Die Bhagavad-Gîtâ will ihm aber auch zugestehen, Mitspieler in diesem Schauspiel zu sein und sich in ihm tätig zu verhalten. Diese Aktivität soll ihm erlaubt sein, wenn er die richtige Vorstellung von ihr hat.

Wenn er in der einzigen Absicht tätig ist, in dem Schauspiel, das Gott sich selber veranstaltet, mitzuwirken, ist er auf dem rechten Wege. Er handelt in derselben Erkenntnis, in der ein anderer reiner Zuschauer bleibt. Beide sind sie Wissende. Wenn er aber in naiver Weise sich für die Tätigkeit entscheidet, die Welt für real hält und in ihr etwas ausrichten will, ist er im Irrtum befangen. Sein Tun ist Torheit. Diese Theorie der Bhagavad-Gîtâ kann in keiner Weise der Ethik Genüge tun. Deren Streben geht ja auf eine Besserung der Zustände der Welt aus. Die Bhagavad-Gîtâ tut nichts weiter, als der tätigen Ethik ein Scheindasein in der Weltanschauung der Weltverneinung zu ermöglichen.

Das Christentum der Antike und des Mittelalters bekennt sich zur Weltentsagung, ohne darum die absolute Nicht-Aktivität zu verlangen. Diese Haltung ist darin begründet, daß die christliche Negation der Welt eine andere ist als die der indischen Denker. Sie nimmt nicht an, daß die Welt, in der wir leben, ein Trugbild sei. Sie sieht sie an als eine unvollkommene Welt, der bestimmt ist, die Vollkommenheit zu erleben, wenn die Zeit des Reiches Gottes anbrechen wird. Die Idee des Kommens eines übernatürlichen Reiches Gottes wurde von den israelitischen Propheten geschaffen. Sie findet sich auch in der Religion Zarathustras.

Jesus verkündet, wie Johannes der Täufer, daß die Verwandlung der materiellen Welt in die des Reiches Gottes nahe herbeigekommen sei. Er mahnt die Menschen, die Vollkommenheit, die für die Teilnahme an der neuen Existenz in einer neuen Welt gefordert wird, zu erstreben. Er heißt sie, den Dingen dieser Welt zu entsagen, um frei zu sein, sich der Idee des

Guten hinzugeben. Jesu Ethik erlaubt der Aktivität, alles, was sie als gut und geboten ansieht, verwirklichen zu wollen. Hierin liegt ihr Unterschied zur Lehre Buddhas, mit der sie den Gedanken des Mitleids gemein hat. Der Betätigung des Mitleids sind bei Buddha Grenzen gesetzt. Die Ethik Jesu aber fordert grenzenloses Tun des Guten.

Die ersten Christen, unter ihnen auch Paulus, erwarteten also, daß das Reich Gottes alsbald an die Stelle der natürlichen Welt treten werde.

Ihre Hoffnung ging nicht in Erfüllung.

In der antiken Welt, wie auch in der des Mittelalters, befinden sich die Christen in der Lage, in der natürlichen Welt leben zu müssen, ohne durch die Hoffnung des baldigen Kommens der übernatürlichen aufrechterhalten zu werden.

Das Christentum konnte sich nicht entschließen, sich völlig für die Weltbejahung zu entscheiden, obwohl seine tätige Ethik ihm dies ermöglicht hätte. In der Antike und im Mittelalter gab es aber keine begeisterte Weltbejahung, die ihm solches ermöglicht hätte. So blieben seine Gedanken völlig auf das Jenseits gerichtet.

Erst in der Renaissance kam kraftvolle Weltbejahung auf. Auf sie ging das Christentum im Laufe der Neuzeit ein. Seine Ethik kannte nun neben dem Ideal der von Jesus geforderten Selbstvervollkommnung auch das andere, das neue und bessere materielle wie geistige Bedingungen für das Dasein der Menschen in der Welt zu schaffen gebot. Weil die Ethik des Christentums ihrer Aktivität nunmehr ein Ziel zu setzen weiß, blüht sie auf.

Die Verbindung von Christentum und zielstrebiger Weltbejahung brachte die Kultur hervor, in der wir leben. Sie zu erhalten und zu vervollkommnen ist unsere Aufgabe.

Die ethischen Anschauungen der chinesischen Denker wie auch die Zarathustras waren von ihrem Ursprung her der Weltbejahung zugetan. Auch sie trugen die erforderlichen Kräfte zur Gestaltung einer ethischen Weltanschauung in sich.

Auf einer bestimmten Stufe ihrer Entwicklung erstrebt die Ethik eine größere Tiefe. Diese Neigung offenbart sich in ihrem Bedürfnis der Erforschung des fundamentalen Wesens des Guten. Sie findet nicht mehr Befriedigung im Definieren, Aufzählen und Empfehlen verschiedener Tugenden und Pflichten, sondern sie will das, was diese miteinander gemeinsam haben und gemeinsam erstreben, erfassen. In diesem Suchen gelangen die großen chinesischen Denker dazu, das Wohlwollen den Menschen gegenüber als die Grundtugend zu preisen.

In der israelitischen Ethik erhebt sich schon vor Jesus die Frage nach dem höchsten Gebot, dessen Erfüllung dem Halten des ganzen Gesetzes entspricht. Jesus, im Einklang mit der Tradition der jüdischen Schriftgelehrten, erhebt die Liebe zum obersten Gebot, das alle anderen in sich begreift.

Ebenso kommen die Denker aus der Schule der Stoiker und Epikuräer in den zwei ersten Jahrhunderten der christlichen Ära auf dem von Panätius, dem Schöpfer des Humanitätsideals, beschrittenen Wege zur Anerkennung der Menschenliebe als der Tugend aller Tugenden. Es sind dies Seneca (um 4 v. Chr. bis 65 n. Chr.), Epiktet (50–138), der Kaiser Mark Aurel (121–180). Ihre Ethik entspricht im Grunde den Anschauungen der chinesischen und christlichen Denker. Das Besondere ihrer Erkenntnis ist die Überzeugung, daß das Denken, wenn es in die Tiefe geht, zum Humanitätsideal gelangt.

Weil im Laufe des ersten und zweiten Jahrhunderts nach Christus die griechisch-römische Philosophie zum gleichen ethischen Ideal wie das Christentum gelangt, hätte es geschehen können, daß beide sich dessen, was sie miteinander gemeinsam hatten, bewußt geworden wären. Dies fand aber nicht statt. Sie blieben sich fremd.

Die zum gegenseitigen Bekanntwerden erforderlichen Umstände waren nicht vorhanden. Diese hoch entwickelte griechisch-römische Philosophie stand nur kurze Zeit in Blüte. Sie war Sache einer kleinen Oberschicht von Gebildeten. Das Volk gab sich nicht mit ihr ab.

Überdies hatten beide Bewegungen tiefgehende Vorurteile gegeneinander. Für die griechisch-römische war das Christentum mit seiner Erwartung einer übernatürlichen Welt, deren Herrscher ein in Jerusalem gekreuzigter Jude sein würde, törichter Aberglaube. Für das christliche Denken war das griechisch-römische etwas dem Heidentum Zugehöriges und damit, wenn man von ihm überhaupt Kenntnis nahm, abgetan.

Aber Jahrhunderte später kam es dennoch dazu, daß beide miteinander in Beziehung traten. Als im 16. und 17. Jahrhundert das Christentum sich mit der Weltbejahung vertraut zu machen begann, die die Renaissance dem europäischen Denken hinterlassen hatte, nahm es auch Kenntnis von der tiefen Ethik, zu der der Spätstoizismus und der Epikureismus in dem 1. und 2. Jahrhundert nach Christus gelangt waren. Überrascht mußte es feststellen, daß Jesu Gebot der Liebe damals als von der Vernunft verkündete Wahrheit aufgetreten war. Daraufhin kam in christlichen Denkern, die diese Entdeckung machten, die Überzeugung auf, daß die Grundideen der Ethik von der Religion offenbarte und von dem Denken bestätigte Wahrheiten sind.

Zu den hervorragendsten Denkern, die sich sowohl dem Christentum als auch dem Spätstoizismus verbunden wußten, gehören Erasmus von Rotterdam (1465–1536) und Hugo Grotius (1583–1645), die die Schaffung eines für alle Völker im Frieden und im Krieg zu beobachtenden ethischen Rechts unternahmen.

Miteinander werden die christliche und die philosophische Ethik von einem enthusiastischen Tätigkeitsdrang erfaßt. Miteinander kommen sie im 18. Jahrhundert darauf, sich mit der Welt zu beschäftigen. Dies führt sie dazu, daß sie sich gegen weitere Duldung von schreiender Ungerechtigkeit, Grausamkeit und unheilvollem Aberglauben auflehnen. Die Folterung wurde abgeschafft, dem Elend der Hexenprozesse wurde ein Ende gesetzt. Unmenschliche Gesetze mußten anderen, humaneren, Platz machen. Ein in der Geschichte der Menschheit einmaliges Reformwerk wurde in Angriff genommen und in der Begeisterung der Entdeckung, daß das Gebot der Liebe auch von der Vernunft gefordert wird, durchgeführt.

Um das Vernunftgemäße der Liebe zum Nächsten dartun zu können, hielten es Jeremy Bentham (1748–1832) und andere Denker für richtig, mit dem Argument ihrer Nützlichkeit zu operieren.

Nach der von ihnen verfochtenen These soll es sich bei der Nächstenliebe lediglich um einen recht verstandenen Egoismus handeln. Sie machen geltend, daß das Wohl des einzelnen wie das der Gesellschaft nur gesichert werden könne durch die Bereitschaft zur Hingabe, die die Menschen im Verkehr mit ihresgleichen betätigen müßten.

Diese etwas oberflächliche Meinung von dem Wesen des Ethischen lehnen, mit anderen, Immanuel Kant (1724–1804) und der schottische Philosoph David Hume (1711–1776) ab. Kant, der die Würde der Ethik voll gewahrt wissen will, stellt die Behauptung auf, daß ihre Nützlichkeit nicht in Betracht zu ziehen sei. Seine Lehre vom kategorischen Imperativ gesteht der Ethik zu, absolute Forderungen zu stellen. Unser Gewissen, urteilt er, tut uns kund, was gut und was böse ist. Ihm allein haben wir zu gehorchen. Das uns innewohnende Moralgesetz gibt uns die Gewißheit, daß wir nicht bloß an der Welt teilhaben, die uns in Zeit und Raum begegnet, sondern daß wir auch Bürger einer geistigen Welt sind.

Hume seinerseits beruft sich in der Ablehnung des utilitaristischen Charakters der Ethik auf die Erfahrung. Er analysiert die Triebkräfte der Ethik und kommt zu dem Ergebnis, daß sie vor allen Dingen eine Sache der Sympathie, des Mitempfindens ist. Die Natur, argumentiert er, hat uns diese Fähigkeit des Miterlebens des Schicksals anderer verliehen. Damit verpflichtet sie uns, die Freude, die Sorgen und die Leiden der anderen wie unsere eigenen zu erleben. Nach einem von Hume gebrauchten Bild sind wir wie Saiten, die im Einklang mit anderen schwingen. Das natürliche Wohlwollen veranlaßt uns, für den anderen da zu sein und zu seinem wie zu der Gesellschaft Wohl beitragen zu wollen.

Seit Hume hat die Philosophie – wenn wir von Friedrich Nietzsche (1844-1900) absehen – nicht mehr ernstlich daran zu zweifeln gewagt, daß die Ethik in erster Linie eine Sache des Mitempfindens und eines ihm entsprechenden helfenden Handelns ist.

In welche Situation aber gerät diese natürliche und tiefe Ethik! Sie ist nicht imstande, die Verpflichtungen zur Hingabe an andere festzulegen und abzugrenzen, um auf diese Weise das natürliche Besorgtsein um unser Ergehen mit dem um das der anderen in das rechte Verhältnis zu bringen.

Auf dieses Problem der Verwirklichung seiner Ethik geht Hume nicht weiter ein. Auch die zeitgenössische und die spätere Philosophie fühlen sich nicht berufen, sich ernstlich mit ihm abzugeben. Ein Ahnen seiner Schwierigkeiten legt ihnen Zurückhaltung in der Beschäftigung mit ihm auf.

Tatsächlich sind die Schwierigkeiten dieser elementaren und lebendigen Ethik derart, daß man mit ihnen nicht fertig wird. Es ist unmöglich, sie irgendwie in klar formulierten Geboten und Verboten festzulegen. Sie ist durchaus subjektiv. Sie überläßt dem einzelnen die Entscheidung, wie weit er in seinem hingebenden Helfen gehen will. Sie erlaubt uns nicht, eine Hingabe, die wir als zu weitgehend ansehen möchten, zu unterlassen, auch wenn sie große Nachteile für uns mit sich bringen könnte. Sie läßt unser Gewissen nicht zur Ruhe kommen. Das gute Gewissen wird für uns zu einem Mythus.

In allen Konflikten überläßt die Ethik der Hingabe denen, die sie befolgen wollen, solche schwere Entscheidung. Diejenigen, die Betriebe leiten, können sich nur selten beglückwünschen, aus Mitleid eine Anstellung dem zugesprochen zu haben, der ihrer am dringendsten bedurfte, statt sie dem am besten Qualifizierten anzuvertrauen. Wehe aber dem, der auf Grund von Erfahrungen dieser Art meint, dem Mitleid in seinen Überlegungen darum keine allzu große Bedeutung zugestehen zu müssen!

In dem Nachdenken über das Problem der Hingebung kommen wir auch dazu, den Kreis unserer ethischen Betätigung weiter zu ziehen, als es bisher geschah. Es geht uns auf, daß die Ethik es nicht nur mit den Menschen, sondern auch mit den Geschöpfen zu tun hat. Diese haben mit uns ja gemein, daß auch sie Wohlergehen ersehnen, Leiden erleiden und Grauen vor dem Vernichtetwerden haben. Wer sich ein unversehrtes Empfinden bewahrt hat, findet das Bedürfnis der Anteilnahme am Schicksal aller Lebewesen natürlich. Das Denken kann nicht anders als anerkennen, daß gütiges Verhalten der Kreatur gegenüber eine natürliche Forderung der Ethik ist. Daß sie zaudert, es zu tun, hat seine Gründe. Tatsächlich ergeben sich aus dem Beschäftigtsein mit dem Schicksal aller Lebewesen, mit denen wir es zu tun haben, noch vielfältigere und verwirrendere Konflikte, als sie die auf den Menschen beschränkte Hingabe mit sich bringt. Das Neue und Tragische ist, daß wir auf diesem Gebiet fort und fort in die Lage kommen, uns für Töten oder am Leben lassen entscheiden zu müssen. Der Bauer kann nicht alle Tiere aufziehen, die in seiner Herde geboren werden. Er wird nur soviel behalten, als er ernähren kann und deren Aufzucht ihm gute Einnahmen sichert. In vielen Fällen sind wir auch genötigt, Lebewesen zu opfern, um andere, die von ihnen bedroht sind, zu retten.

Wer einen aus dem Nest gefallenen Vogel aufhebt, findet sich – um ihn füttern zu können – genötigt, kleine Lebewesen zu töten. Dieses Handeln ist völlig willkürlich. Mit welchem Recht opfert er eine Vielzahl von Leben um eines einzigen willen? Mit der gleichen Willkür verfährt er, wenn er ihm unsympathische Tiere vernichtet, um andere vor ihnen zu schützen.

Es ist somit Sache eines jeden von uns, darüber zu entscheiden, ob er auf Grund einer unvermeidlichen Notwendigkeit Lebewesen zum Leiden oder zum Tode verurteilt und dadurch schuldig wird. Einige Sühne für solche Schuld leistet derjenige, der sich auferlegt, keine Gelegenheit zu versäumen, um in Not befindlicher Kreatur beizustehen. Wieviel weiter wären wir schon, wenn die Menschen sich um das Wohl der Kreatur sorgten und all dem Übel entsagten, das sie ihr aus Gedankenlosigkeit zufügen. Der Kampf gegen die antihumanen Traditionen und unmenschlichen Gefühle, die in unserer Zeit noch vorhanden sind, ist uns auferlegt.

Als Beispiele solcher unmenschlichen Gepflogenheiten, die unsere Zivilisation und unser Gefühl nicht länger dulden sollten, seien die Stierkämpfe in der Arena und die Hetz- und Treibjagden angeführt.

Die Ethik, die sich nicht auch mit unserem Verhalten zur Kreatur beschäftigt, ist unvollständig. Den Kampf gegen die Unmenschlichkeit haben wir ganz und stetig zu führen. Es muß dahin kommen, daß Töten als Spiel als Schande unserer Kultur empfunden wird.

Eine große Änderung in der ethischen Situation ist auch darin gegeben, daß die Ethik sich heute eingestehen muß, daß sie nicht damit rechnen kann, sich weiter noch auf eine ihr entsprechende Weltanschauung berufen zu können.

Früher konnte sie überzeugt sein, daß sie ein Verhalten forderte, das mit der Erkenntnis von der wahren Natur des in der Schöpfung geoffenbarten universellen Willens zum Leben übereinstimmt. Solcher Ansicht waren nicht nur die höheren Religionen, sondern auch die rationalistische Philosophie des 17. und 18. Jahrhunderts.

Tatsächlich aber ist die Weltanschauung, auf die die Ethik sich berufen möchte, das Resultat einer optimistischen Interpretation der Welt, die sie unternommen hat. Sie schreibt dem universellen Willen zum Leben Eigenschaften und Intentionen zu, die ihrer eigenen Art zu empfinden und zu urteilen entsprechen.

Im Verlaufe des 19. und 20. Jahrhunderts sieht sich das Denken, das sich allein von dem Suchen der Wahrheit leiten läßt, zu dem Eingeständnis genötigt, daß die Ethik nichts von einer wahrhaften Erkenntnis der Welt zu erwarten hat. Die Fortschritte des Wissens bestehen in einer immer genaueren Erkenntnis der Gesetze des Geschehens. Sie ermöglichen uns, die in dem Universum vorhandenen Energien uns dienstbar zu machen. Aber sie nötigen uns zugleich, immer mehr der Hoffnung, den Sinn des Geschehens verstehen zu können, zu entsagen.

Inwieweit läßt sich die Hingebung zum Wohle anderer in einer Weltanschauung begründen? Fort und fort hat die Ethik dies versucht. Nie ist es ihr gelungen. Wenn sie glaubte, es erwiesen zu haben, war es ihr nur dadurch möglich geworden, daß sie sich die dazu erforderte naive optimistische Weltanschauung erdacht hatte. Das auf Wahrheit ausgehende Denken muß sich eingestehen, daß ein Geist der Gütigkeit in dem Weltgeschehen nicht am Werke ist. Die Welt bietet uns das trostlose Schauspiel von Regungen des Willens zum Leben, die fort und fort gegeneinander stehen. Eine Existenz erhält sich durch Bekämpfung und Vernichtung der anderen. Die Welt ist Grausiges in Herrlichem, Sinnloses in Sinnvollem, Leidvolles in Freudvollem.

Die Ethik befindet sich nicht in Harmonie mit solchem Weltgeschehen, sondern in Auflehnung gegen es. Sie ist die Regung eines Geistes, der anders sein will als der, der sich in der Welt kundgibt.

Versuchen wir das Weltgeschehen zu begreifen, wie es ist, und daraus Schlüsse auf die Art unseres Verhaltens zu ziehen, so sind wir dem Skeptizismus und dem Pessimismus ausgeliefert. Die Ethik ist eine Tat unserer geistigen Selbständigkeit.

In ihren Anfängen war die Ethik genötigt, sich eine ihr entsprechende Weltanschanung zu schaffen. Sie zwang sich also zu der Vorstellung, daß in dem Weltgeschehen, wie es auch sei, ein Geist walte, der in dem Verlaufe des Unvollkommenen schließlich das Vollkommene verwirklichen werde, und daß unser ethisches Bemühen in der derzeitigen Welt in der Hoffnung auf jenes Endziel seinen Sinn habe.

Ist die Ethik aber zur Erkenntnis gelangt, daß sie eine Nötigung zur Hingabe an andern Willen zum Leben ist, die der im Denken vorangekommene Mensch erlebt, ohne von ihr loskommen zu können, so ist sie durchaus selbständig geworden. Nunmehr kann uns die Tatsache, daß wir nur eine unvollkommene und durchaus unbefriedigende Erkenntnis der Welt besitzen, nichts mehr anhaben. Wir besitzen die Erkenntnis des unserem Wesen entsprechenden Verhaltens in der Welt. In Treue zu ihr wandeln wir den Weg unseres Daseins.

Die elementare, uns in jedem Augenblick unseres Daseins zum Bewußtsein kommende Tatsache ist: Ich bin Leben, das leben will, inmitten von Leben, das leben will. Das Geheimnisvolle meines Willens zum Leben ist, daß ich mich genötigt fühle, mich gegen allen Willen zum Leben, der neben dem meinen im Dasein ist, teilnahmsvoll zu verhalten. Das Wesen des Guten ist: Leben erhalten, Leben fördern, Leben auf seinen höchsten Weg bringen. Das Wesen des Bösen ist: Leben vernichten, Leben schädigen, Leben in seiner Entwicklung hemmen.

Das Grundprinzip der Ethik ist also Ehrfurcht vor dem Leben. Alles, was ich einem Lebewesen Gutes erweise, ist im letzten Grunde Hilfe, die ich ihm zur Erhaltung und Förderung seines Daseins zuteil werden lasse.

In der Hauptsache gebietet die Ehrfurcht vor dem Leben dasselbe wie der ethische Grundsatz der Liebe. Nur trägt die Ehrfurcht vor dem Leben die Begründung des Gebotes der Liebe in sich und verlangt Mitleid mit aller Kreatur.

Zu bemerken ist auch, daß die Ethik der Liebe uns nur unser Verhalten zu den anderen, nicht auch gegen uns selbst eingibt. Die Forderung der

Wahrhaftigkeit, die ein Grundelement der ethischen Persönlichkeit ist, läßt sich von ihr nicht ableiten. Tatsächlich aber ist es die Ehrfurcht, die wir unserem eigenen Dasein entgegenzubringen haben, die uns anhält, uns immer selber treu zu bleiben, indem wir auf jede Verstellung, von der wir in dieser oder jener Lage Gebrauch gemacht hätten, verzichten und im Kampfe, durchaus wahrhaftig zu bleiben, nicht erlahmen.

Nur die Ethik der Ehrfurcht vor dem Leben ist vollständig. Sie ist es in jeder Hinsicht. Die Ethik, die es nur mit dem Verhalten des Menschen zu seinem Mitmenschen zu tun hat, kann sehr tief und lebendig sein. Sie bleibt aber unvollständig. So konnte es nicht ausbleiben, daß das Denken einmal dazu kam, an der als unverboten geltenden herzlosen Behandlung andersartiger Lebewesen Anstoß zu nehmen und von der Ethik zu verlangen, sich auch ihrer zu erbarmen. Nur zögernd entschloß sie sich, damit ernst zu machen. Erst seit einiger Zeit kommt dieses Unternehmen ersichtlich in Gang und findet Beachtung in der Welt.

Aber schon beginnt anerkannt zu werden, daß die Ethik der Ehrfurcht vor dem Leben, die Gütigkeit gegen alle Lebewesen verlangt, dem natürlichen Empfinden des denkenden Menschen entspricht.

Durch ethisches Verhalten zu aller Kreatur gelangen wir in ein geistiges Verhältnis zum Universum.

In der Welt ist der Wille zum Leben in Konflikt mit sich selber. In uns will er in Frieden mit sich selbst sein.

In der Welt tut er sich kund, in uns offenbart er sich.

Der Geist gebietet uns, anders zu sein als die Welt. Durch die Ehrfurcht vor dem Leben werden wir in elementarer, tiefer und lebendiger Weise fromm.

Ethische Kultur

Der Welt zu einer wahren Kultur zu verhelfen, ist die große geschichtliche Aufgabe, die sich uns, die wir eine Kulturvergangenheit besitzen, stellt. An uns liegt es, das Licht wahrer Humanitätskultur in der Welt aufleuchten zu lassen.

Wenn der Menschen, die in Gedanken und im Handeln Humanität mit der Wirklichkeit in Auseinandersetzung bringen, viele werden, hört Humanität auf, als eine sentimentale Idee zu gelten, und wird, was sie sein soll, ein Sauerteig der Gesinnung der einzelnen und der Gesellschaft.

Die in dem denkend gewordenen Willen zum Leben entstandene Ehr-

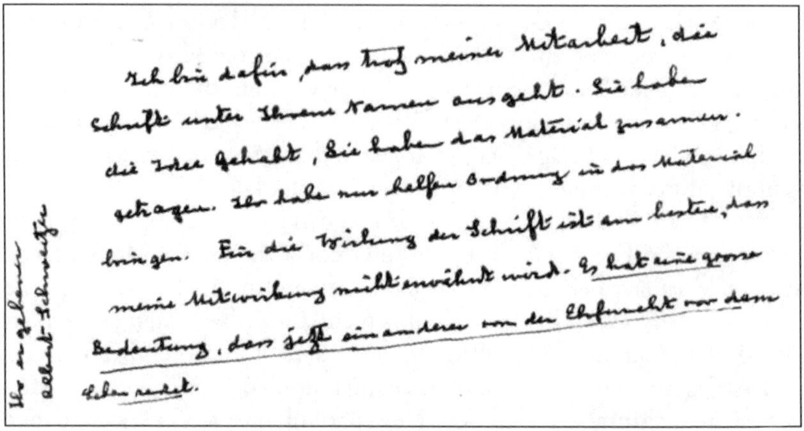
Ich bin dafür, dass trotz meiner Mitarbeit, die Schrift unter Ihrem Namen ausgeht. Sie haben die Idee gehabt, Sie haben das Material zusammengetragen. Ich habe nur helfen Ordnung in das Material bringen. Für die Wirkung der Schrift ist es am besten, dass meine Mitwirkung nicht erwähnt wird. Es hat eine grosse Bedeutung, dass jetzt ein anderer von der Ehrfurcht vor dem Leben redet.

Ihr ergebener Albert Schweitzer

»Ich bin dafür, dass, trotz meiner Mitarbeit, die Schrift unter Ihrem Namen ausgeht. Sie haben die Idee gehabt, Sie haben das Material zusammengetragen. Ich habe nur helfen Ordnung in das Material bringen. Für die Wirkung der Schrift ist es am besten, dass meine Mitwirkung nicht erwähnt wird. Es hat eine große Bedeutung, dass jetzt ein anderer von der Ehrfurcht vor dem Leben redet. Ihr ergebener Albert Schweitzer«.
Aus einem Brief an Götting, 25. Dezember 1961

furcht vor dem Leben enthält Welt- und Lebensbejahung und Ethik miteinander und ineinander in sich. Sie kann nicht anders, als fort und fort mit dem Ideal ethischer Kultur beschäftigt zu sein.

Die Ethik der Ehrfurcht vor dem Leben erkennt keine relative Ethik an. Als gut läßt sie nur Erhaltung und Förderung von Leben gelten. Alles Vernichten und Schädigen von Leben, wenn es uns nicht durch das Schicksal auferlegt ist, empfindet sie als böse. Gebrauchsfertig zu beziehende Ausgleiche von Ethik und Notwendigkeit hält sie nicht auf Lager. Immer verlangt sie von uns, daß wir in jedem Fall selber entscheiden, inwieweit wir ethisch bleiben können und inwieweit wir uns der Notwendigkeit von Schädigung und Vernichtung von Leben unterwerfen müssen und damit schuldig werden. Immer mehr müssen wir von der Sehnsucht erfaßt werden, Leben zu erhalten und Leben zu fördern.

In der Gesinnung der Ehrfurcht vor dem Leben liegt ein elementarer Begriff von Verantwortung beschlossen, dem wir uns ergeben müssen. In ihr sind Kräfte tätig, die uns zu einer Veredlung unserer individuellen, sozialen und politischen Gesinnung zwingen.

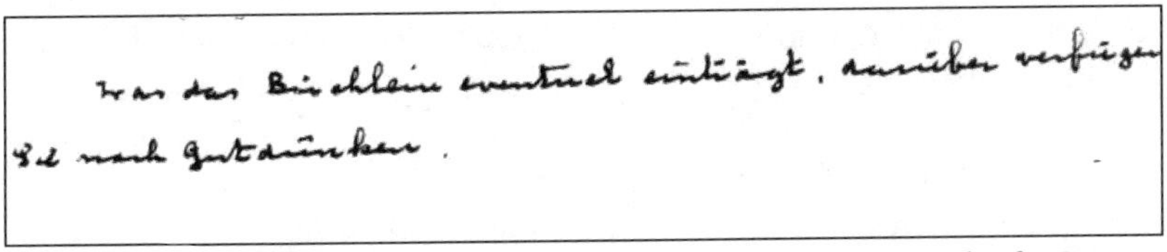
was das Büchlein eventuell einträgt, darüber verfügen Sie nach Gutdünken.

Verfügung Schweitzers an Götting über die Tantiemen seiner Schrift »Die Lehre der Ehrfurcht vor dem Leben«: »Was das Büchlein eventuell einträgt, darüber verfügen Sie nach Gutdünken.«

Ehrfurcht vor dem Leben ist Erfaßtwerden von dem unergründlichen, vorwärtstreibenden Willen, der in allem Sein vorhanden ist. Sie hebt uns über alle Erkenntnis der Dinge hinaus und läßt uns zum Baum werden, der vor der Dürre bewahrt wird, weil er an den Wasserbächen gepflanzt ist.

Wer unter den Einfluß der Ethik der Ehrfurcht vor dem Leben gerät, wird durch das, was sie von ihm verlangt, alsbald zu spüren bekommen, welches Feuer in dem unlebendigen Ausdruck glüht. Die Ethik der Ehrfurcht vor dem Leben ist die ins Universelle erweiterte Ethik der Liebe. Sie ist die als denknotwendig erkannte Ethik Jesu.

Durch die Ehrfurcht vor dem Leben gibt der Mensch seinem Dasein einen Wert, welches auch die Schicksale seien, durch die es bestimmt wird und in denen er sich zu behaupten hat.

Aus innerer Nötigung entstehend, ist die Ethik der Ehrfurcht vor dem Leben nicht davon abhängig, inwieweit und inwiewenig sie sich zu einer befriedigenden Weltanschauung auszudenken vermag. Sie braucht nicht auf die Frage Antwort zu geben, was das auf Erhaltung, Förderung und Steigerung von Leben gehende Wirken ethischer Menschen im Gesamtverlaufe des Weltgeschehens bedeuten kann. Sie läßt sich nicht irre machen durch die Erwägung, daß die von ihr geübte Erhaltung und Vollendung von Leben neben der gewaltigen, in jedem Augenblick durch Naturgewalten erfolgenden Vernichtung von Leben fast nicht in Betracht kommt. Wirken wollend darf sie alle Probleme des Erfolges ihres Wirkens dahingestellt sein lassen. Bedeutungsvoll für die Welt ist die Tatsache an sich, daß in dem wahrhaft ethisch gewordenen Menschen ein von Ehrfurcht vor dem Leben und Hingebung an Leben erfüllter Wille zum Leben in ihr auftritt.

In jeder Hinsicht bleibt die Welt dem Menschen rätselhaft. Aber es ist nicht so, daß wir dem Problem des Lebens ratlos gegenüberstehen, wenn wir darauf verzichten müssen, das Weltgeschehen zu begreifen. Die Ehrfurcht vor dem Leben bringt uns in ein geistiges Verhältnis zur Welt, das von allem Erkennen des Weltverlaufs unabhängig ist. Durch das dunkle Tal der Resignation hindurch führt sie uns auf die lichten Höhen ethischer Welt- und Lebensbejahung aus innerer Notwendigkeit.

Drei Arten von Fortschritt kommen für die Kultur in Betracht: Fortschritt des Wissens und Könnens, Fortschritt in der Vergesellschaftung der Menschen, Fortschritt der Geistigkeit. Der letztgenannte hat die größte Bedeutung.

Anfang, stetig sich wiederholender Anfang des Denkens ist, daß der Mensch sein Sein nicht einfach als etwas Gegebenes hinnimmt, sondern es als etwas unergründlich Geheimnisvolles erlebt. Ethische Lebensbejahung ist die geistige Tat, in der er aufhört, dahinzuleben, und anfängt, sich seinem Leben mit Ehrfurcht hinzugeben, um es auf seinen wahren Wert zu bringen.

Ein Doppeltes hat das Denken zu leisten: uns aus der naiven zur vertieften Welt- und Lebensbejahung zu führen und uns von ethischen Regungen zu einer denknotwendigen Ethik gelangen zu lassen.

In der ethischen Kultur tritt der einzelne mit seinem besten Denken und Wollen in den Dienst seines Volkes und der Menschheit.

Kraft macht keinen Lärm. Sie ist da und wirkt. Wahre Ethik fängt an, wo der Gebrauch der Worte aufhört.

In neuem Denken müssen wir zu einer die Ideale wahrer Kultur enthaltenden Weltanschauung gelangen. Wenn wir nur überhaupt wieder anfangen, über Ethik und unser geistiges Verhältnis zur Welt nachdenkend zu werden, sind wir bereits auf dem Wege, der von der Unkultur zur Kultur führt.

Jahrhundertelang haben die Menschen, die das Meer befuhren, sich nach den Sternbildern orientiert. Nachher aber sind sie über dieses Unvollkommene hinausgekommen, indem sie die Magnetnadel entdeckten, in der der Norden durch eine stetig wirkende Kraft angezeigt wird. Seither finden sie sich in dunkelster Nacht auf fernstem Meere zurecht.

Dieser Art ist der Fortschritt, den wir in der völligen Ethik zu suchen haben. Solange wir sie nur als Ethik der Pflichten und Tugenden besitzen, richten wir uns nach Sternen, die, so leuchtend ihr Glanz auch sei, doch nur mehr oder weniger sicher leiten und durch einen aufsteigenden Dunst verhüllt werden können. In der Sturmesnacht lassen sie die Menschheit, wie wir es jetzt erleben, im Stich. Gelangen wir aber zur Ethik als der denknotwendigen, in uns zum Bewußtsein ihrer selbst kommenden Idee der Ehrfurcht vor dem Leben, so hebt damit eine weitgehende ethische Vertiefung der Menschen und ein ethischer Fortschritt der Menschheit an.

Wenn im Frühjahr das welke Grau der Wiesen dem Grün Platz macht, geschieht dies dadurch, daß Millionen von Trieben aus den Wurzeln neu sprossen. So kann auch die geistige Erneuerung, die für unsere Zeit kommen muß, auf keine andere Weise zustande kommen als dadurch, daß die Vielen ihre Gesinnung und Ideale aus dem Nachdenken über das Wesen des wahrhaft Guten neu gestalten.

Wie der Baum Jahr für Jahr dieselbe Frucht jedesmal neu bringt, müssen auch alle wertvollen Ideen im Denken der Menschheit von Generation zu Generation neu geboren werden.

Eine neue Renaissance muß kommen, viel größer als die, in der wir aus dem Mittelalter herausschritten: die große Renaissance, in der die Menschheit entdeckt, daß das Ethische die höchste Wahrheit und die höchste Zweckmäßigkeit ist, und damit die Befreiung aus dem armseligen Wirklichkeitssinn erlebt, in dem sie sich dahinschleppt.

Ein schlichter Wegbereiter dieser Renaissance möchte ich sein. Ich habe den Mut zum Glauben an eine neue Menschheit, weil ich überzeugt bin, daß die Gesinnung der Humanität, die bisher nur als ein edles Gefühl galt, in einer aus elementarem Denken kommenden, allgemein mitteilbaren Weltanschauung begründet ist. Damit besitzt sie eine Überzeugungskraft, über die sie bisher nicht verfügte, und ist fähig, sich in energischer Weise mit der Wirklichkeit auseinanderzusetzen und in ihr Geltung zu erlangen.

Mensch zu Mensch

Kein Mensch ist jemals einem Menschen ein vollständig und dauernd Fremder. Mensch gehört zu Mensch. Mensch hat Recht auf Mensch. Große und kleine Umstände können eintreten, die die Fremdheit, die wir uns im täglichen Leben auferlegen, außer Kraft setzen und uns als Mensch zu Mensch miteinander in Beziehung bringen. Das Gesetz der geziemenden Zurückhaltung ist bestimmt, durch das Recht der Herzlichkeit durchbrochen zu werden.

Viel Kälte ist unter den Menschen, weil wir nicht wagen, uns so herzlich zu geben, wie wir sind.

Wie die Welle nicht für sich sein kann, sondern stetig an dem Wogen des Ozeans teilhat, also können wir unser Leben nie für uns allein erleben, sondern immer nur in dem Miterleben des Lebens, das um uns her statthat.

Die Ethik der Ehrfurcht vor dem Leben verlangt, daß wir alle irgendwie und in irgendetwas für Menschen Mensch sind. Denen, die sich im Beruf nicht als Menschen an Menschen ausgeben können und sonst nichts haben, um es dahinzugeben, mutet sie zu, etwas von ihrer Zeit und Muße, auch wenn sie ihnen kärglich zugemessen sind, zu opfern. Schafft euch ein Nebenamt, sagt sie zu ihnen, ein unscheinbares, vielleicht ein geheimes Nebenamt. Tut die Augen auf und sucht, wo ein Mensch ein bißchen Zeit, ein bißchen Freundlichkeit, ein bißchen Teilnahme, ein bißchen Gesellschaft, ein bißchen Arbeit eines Menschen braucht. Vielleicht ist es ein Einsamer, oder ein Verbitterter, oder ein Kranker, oder ein Ungeschickter, dem du etwas sein kannst. Vielleicht ist es ein Greis oder ein Kind. Oder ein gutes Werk braucht Freiwillige, die einen freien Abend opfern oder Gänge tun können. Wer kann die Verwendungen alle aufzählen, die das kostbare Betriebskapital, Mensch genannt, haben kann? An ihm fehlt es allerorten. Darum suche, ob sich nicht eine Verwendung für dein Menschentum findet. Laß dich nicht abschrecken, wenn du warten oder experimentieren mußt.

Auch auf Enttäuschungen sei gefaßt! Aber laß dir ein Nebenamt, in dem du dich als Mensch für Menschen betätigst, nicht entgehen. Es ist dir eines bestimmt, wenn du nur richtig willst ... So redet die wahre Ethik zu denen, die nur etwas Zeit und nur etwas Menschentum herzugeben haben. Wohl ihnen, wenn sie auf sie hören und davor bewahrt bleiben, wegen versäumter Hingabe verkümmerte Menschen zu werden.

Jeder von uns, welches auch seine Stellung und sein Beruf sein mögen, muß ohne Unterlaß darauf bedacht sein, in seinem Verhalten wahres Menschentum zu bewähren.

Diejenigen, denen es vergönnt ist, freies persönliches Dienen verwirklichen zu dürfen, haben dieses Glück als solche hinzunehmen, die dadurch demütig werden. Überhaupt müssen sie ihr starkes Wollen in Demut härten.

Was du an Gesundheit, an Gaben, an Leistungsfähigkeit, an Erfolg, an schöner Kindheit, an harmonischen häuslichen Verhältnissen mehr empfangen hast als andere, darfst du nicht als selbstverständlich hinnehmen. Du mußt einen Preis dafür entrichten. Außergewöhnliche Hingabe von Leben an Leben hast du zu leisten.

Die, die an sich erfuhren, was Angst und körperliches Weh sind, gehören in der ganzen Welt zusammen. Ein geheimnisvolles Band verbindet diese Gemeinschaft der vom Schmerz Gezeichneten. Miteinander kennen sie das Grausige, dem der Mensch unterworfen sein kann, miteinander die Sehnsucht, vom Schmerze frei zu werden. Wer vom Schmerz erlöst wurde, darf nicht meinen, er sei nun wieder frei und könne unbefangen ins Leben zurücktreten, wie er vordem darin stand. Wissend geworden über Schmerz und Angst muß er mithelfen, dem Schmerz und der Angst zu begegnen, soweit Menschenmacht etwas über sie vermag, und andern Erlösung zu bringen, wie ihm Erlösung ward.

Wem Gutes in seinem Leben widerfährt, der muß sich dadurch berufen fühlen, von seinem Leben hinzugeben, um Leid zu lindern.

Fortschritte des Wissens und Könnens bringen die Menschheit nur im Unwesentlichen voran. Das Wesentliche ist, daß wir bessere und tiefere Menschen werden.

Als Wirkende und Leidende haben wir die Kräfte von Menschen zu bewähren, die sich zum Frieden, der höher ist als alle Vernunft, hindurchringen.

Auf dem rechten Wege sind wir, wenn wir uns unserem persönlichen Denken anvertrauen und von ihm erwarten, daß es uns zu den Erkenntnissen und Wahrheiten gelangen läßt, deren wir zum Leben bedürfen.

Wie der weiße Lichtstrahl aus farbigen Strahlen besteht, enthält die Ehrfurcht vor dem Leben in sich alles, was als Liebe, Gütigkeit, Mit-Leiden, Mit-Freuen, Friedfertigkeit, Fähigkeit des Verzeihens die Ethik ausmacht.

Wir alle müssen uns anhalten, natürlich zu sein und die unausgesprochene Dankbarkeit zur ausgesprochenen werden zu lassen. Dann gibt es in der Welt mehr Sonne und mehr Kraft zum Guten. Für sich aber muß ein jeder von uns sich dagegen wehren, die bitteren Sprüche von der Undankbarkeit der Welt in seine Weltanschauung aufzunehmen. Es flutet viel Wasser unter dem Erdboden, das nicht als Quelle herausbricht. Dessen dürfen wir uns trösten. Selber aber sollen wir Wasser sein, das den Weg findet, Quelle zu werden, an der Menschen den Durst nach Dankbarkeit stillen können.

Gedankenlosigkeit ist schuld, daß Dankbarkeit in unserem Leben zu spärlich sprießt. Widerstehe dieser Gedankenlosigkeit. Halte dich dazu an, in natürlicher Weise Dankbarkeit zu empfinden und auszusprechen. Beglückendes wirst du dann erleben und andere erleben lassen.

In der Gütigkeit kommt voran, wer den Mut hat, sich selber zu beurteilen und zu richten.

Alle haben wir darum zu ringen, daß wir wahrhaftig friedfertig werden wollen.

Rechtes Denken läßt das Herz mitreden.

Stetige Gütigkeit vermag viel. Wie die Sonne das Eis zum Schmelzen bringt, bringt sie Mißverständnisse, Mißtrauen und Feindseligkeit zum Schwinden.

Was ein Mensch an Gütigkeit in die Welt hinausgibt, arbeitet an den Herzen und an dem Denken der Menschen.

Wo Kraft ist, ist Wirkung von Kraft.

Kein Sonnenstrahl geht verloren, aber das Grün, das er weckt, braucht Zeit zum Sprießen, und dem Sämann ist nicht immer beschieden, die Ernte mitzuerleben. Alles wertvolle Wirken ist Tun auf Glauben.

Das einzige, worauf es ankommt, ist, daß wir darum ringen, daß Licht in uns sei. Das Ringen fühlt einer dem andern an, und wo Licht im Menschen ist, scheint es aus ihm heraus.

Das große Geheimnis ist, als unverbrauchter Mensch durchs Leben zu gehen. Solches vermag, wer nicht mit den Menschen und Tatsachen rechtet, sondern in allen Erlebnissen auf sich selbst zurückgeworfen wird und den letzten Grund des Verlaufes des ihn angehenden Geschehens in sich selber sucht.

Keiner von uns weiß, was er wirkt und was er Menschen gibt. Es ist für uns verborgen und es soll es bleiben. Manchmal dürfen wir ein klein wenig davon zu sehen bekommen, um nicht mutlos zu werden. Das Wirken von Kraft ist auf allen Gebieten geheimnisvoll.

Der Ausdruck »reif«, auf den Menschen angewandt, war mir und ist mir noch immer etwas Unheimliches. Ich höre dabei die Worte Verarmung, Verkümmerung, Abstumpfung als Dissonanzen miterklingen. Was wir gewöhnlich als Reife an einem Menschen zu sehen bekommen, ist eine resignierte Vernünftigkeit.

Einer erwirbt sie sich nach dem Vorbild anderer, indem er Stück um Stück die Gedanken und Überzeugungen preisgibt, die ihm in seiner Jugend teuer waren. Er glaubte an den Sieg der Wahrheit, jetzt nicht mehr. Er glaubte an die Menschen, jetzt nicht mehr. Er glaubte an das Gute, jetzt nicht mehr. Er eiferte für Gerechtigkeit, jetzt nicht mehr. Er vertraute in die Macht der Gütigkeit und Friedfertigkeit, jetzt nicht mehr. Er konnte sich begeistern, jetzt nicht mehr. Um besser durch die Fährnisse und Stürme des Lebens zu schiffen, hat er sein Boot erleichtert. Er warf Güter aus, die er für entbehrlich hielt. Aber es war der Mundvorrat und der Wasservorrat, dessen er sich entledigte. Nun schifft er leichter dahin, aber als verschmachtender Mensch.

Zu gern gefallen sich die Erwachsenen in dem traurigen Amt, die Jugend darauf vorzubereiten, daß sie einmal das meiste von dem, was ihr jetzt das Herz und den Sinn erhebt, als Illusion ansehen wird. Die tiefere Lebenserfahrung aber redet anders zu der Unerfahrenheit. Sie beschwört die Jugend, die Gedanken, die sie begeistern, durch das ganze Leben hindurch festhalten zu wollen. Im Jugendidealismus erschaut der Mensch die Wahrheit. In ihm besitzt er einen Reichtum, den er gegen nichts eintauschen soll.

Wer sich vornimmt, Gutes zu wirken, darf nicht erwarten, daß die Menschen ihm deswegen Steine aus dem Wege räumen, sondern muß auf das Schicksalhafte gefaßt sein, daß sie ihm welche darauf rollen. Nur die Kraft, die in dem Erleben dieser Widerstände innerlich lauterer und stärker wird, kann sie überwinden. Die, die sich einfach dagegen auflehnen, verbrauchen sich darin.

Mensch zu Kreatur

Die Ethik der Ehrfurcht vor dem Leben macht keinen Unterschied zwischen höherem und niederem, wertvollerem und weniger wertvollem Leben. Sie hat ihre Gründe, dies zu unterlassen. Das Unternehmen, allgemeingültige Wertunterschiede zwischen den Lebewesen zu statuieren, läuft darauf hinaus, sie danach zu beurteilen, ob sie uns Menschen nach unserem Empfinden näher oder ferner zu stehen scheinen, was ein ganz subjektiver Maßstab ist. Wer von uns weiß, was das andere Lebewesen an sich und in dem Weltganzen für eine Bedeutung hat?

Im Gefolge solcher Unterscheidung kommt dann die andere auf, daß es wertloses Leben gäbe, dessen Schädigung und Vernichtung nichts auf sich habe. Unter wertlosem Leben werden dann, je nach den Umständen, Arten von Insekten oder primitive Völker verstanden.

Dem wahrhaft ethischen Menschen ist alles Leben heilig, auch das, was uns vom Menschenstandpunkt aus als tiefer stehend vorkommt. Unterschiede macht er nur von Fall zu Fall und unter dem Zwange der Notwendigkeit, wenn er in die Lage kommt, entscheiden zu müssen, welches Leben er zur Erhaltung des andern zu opfern hat. Bei diesem Entscheiden von Fall zu Fall ist er sich bewußt, subjektiv und willkürlich zu verfahren und die Verantwortung für das geopferte Leben zu tragen zu haben.

Wer sich von der Ethik der Ehrfurcht vor dem Leben leiten läßt, schädigt und vernichtet Leben nur aus Notwendigkeit, der er nicht entrinnen kann, niemals aus Gedankenlosigkeit. Wo er ein Freier ist, sucht er nach Gelegenheit, die Seligkeit zu kosten, Leben beistehen zu können und Leid und Vernichtung von ihm abwenden zu können.

Wo ich irgendwelches Leben schädige, muß ich mir darüber klar sein, ob es wirklich notwendig ist. Über das Unvermeidliche darf ich in nichts hinausgehen, auch nicht in scheinbar Unbedeutendem. Der Landmann, der auf seiner Wiese tausend Blumen zur Nahrung für seine Kühe hingemäht hat, soll sich hüten, auf dem Heimweg in geistlosem Zeitvertreib eine Blume am Rande der Landstraße zu köpfen, denn damit vergeht er sich am Leben, ohne unter der Gewalt der Notwendigkeit zu stehen.

Diejenigen, die an Tieren Versuchsoperationen unternehmen oder ihnen Krankheiten einimpfen, um mit den gewonnenen Resultaten Menschen Hilfe bringen zu können, dürfen sich nie allgemein dabei beruhigen, daß ihr grausames Tun einen wertvollen Zweck verfolge. In jedem einzelnen Falle müssen sie erwogen haben, ob wirklich Notwendigkeit vorliegt, einem Geschöpfe solches Opfer für die Menschheit aufzuerlegen.

Ängstlich müssen sie darum besorgt sein, das Weh, soviel sie nur können, zu mildern. In wissenschaftlichen Instituten dürfen keine Narkosen, um Zeit und Mühe zu ersparen, unterbleiben. Ein Frevel ist es auch, wenn Tiere der Qual unterworfen werden, nur um Studenten allgemein bekannte Phänomene zu demonstrieren.

Gerade dadurch, daß das Tier als Versuchstier in seinem Schmerze so Wertvolles für den leidenden Menschen erwirbt, ist ein neues, einzigartiges Solidaritätsverhältnis zwischen ihm und uns geschaffen worden. Ein Zwang, einer Kreatur alles irgend mögliche Gute anzutun, ergibt sich daraus für jeden von uns.

Indem ich einem Insekt aus seiner Not helfe, tue ich nichts anderes, als daß ich versuche, etwas von der immer neuen Schuld der Menschen an der Kreatur abzutragen. Wo irgendwie das Tier zum Dienst des Menschen gezwungen wird, muß jeder von uns mit den Leiden beschäftigt sein, die es um dessentwillen zu tragen hat. Keiner von uns darf ein Weh, für das die Verantwortung nicht zu tragen ist, geschehen lassen, soweit er es nur hindern kann. Keiner darf sich dabei beruhigen, daß er sich damit in Sachen mischen würde, die ihn nichts angehen.

Keiner darf die Augen schließen und das Leiden, dessen Anblick er sich erspart, als nicht geschehend ansehen. Keiner mache sich die Last seiner

Verantwortung leicht. Wenn soviel Mißhandlung der Kreatur vorkommt, wenn der Schrei der auf dem Eisenbahntransport verdurstenden Tiere ungehört verhallt, wenn in manchen Schlachthäusern noch Roheit waltet, wenn in unseren Küchen Tiere von ungeübten Händen qualvollen Tod empfangen, wenn Tiere durch unbarmherzige Menschen Unmögliches erdulden oder dem grausamen Spiele von Kindern ausgeliefert sind, tragen wir alle miteinander Schuld daran.

Wie die Hausfrau, die die Stube gescheuert hat, Sorge trägt, daß die Türe zu ist, damit ja der Hund nicht hereinkomme und das getane Werk durch die Spuren seiner Pfoten entstelle, also haben religiöse und philosophische Denker darüber gewacht, daß ihnen keine Tiere in der Ethik herumliefen.

Es ist, als hätte der Philosoph Descartes (1596-1650) mit seiner Meinung, daß die Tiere keine Seele haben und bloß Maschinen seien und nur scheinbar Schmerz empfänden, die neuzeitliche Philosophie behext. Sie unterließ es, sich in der erforderlichen Weise mit dem Problem des Verhaltens der Menschen zu der Kreatur abzugeben. Sie spielte auf einem Klavier, auf dem eine Reihe von Tasten als unberührbar gelten.

Für die universelle Ethik der Ehrfurcht vor dem Leben wird das so vielfach als Sentimentalität belächelte Mitleid mit den Tieren etwas, dem sich kein denkender Mensch entziehen kann.

Wann wird es dahin kommen, daß die öffentliche Meinung keine Volksbelustigung mehr duldet, die in Mißhandlung und Töten von Tieren besteht? Wann werden wir soweit sein, daß die Freude an sportlichem Töten von Tieren auf der Jagd als eine menschliche Verirrung angesehen werden wird und alles Töten, wo es uns durch Notwendigkeit auferlegt ist, in Traurigkeit statthaben wird?

Friede oder Atomkrieg

Weil offenbar ist, ein wie furchtbares Übel ein Krieg in unserer Zeit wäre, darf nichts unversucht bleiben, ihn zu verhindern. Wir haben uns in den beiden letzten Kriegen grausiger Unmenschlichkeit schuldig gemacht und würden es in einem kommenden noch weiter tun. Dieses quälende gemeinsame Erlebnis muß uns dazu aufrütteln, alles zu wollen und zu schaffen, was eine Zeit heraufführt, in der Kriege nicht mehr sein werden.

Es sind noch viele Menschen in der Welt, die es nicht begreifen, daß der Gebrauch der grausigen Atomwaffen, über die wir verfügen, es nicht erlaubt, einen mit ihnen geführten Krieg in Betracht zu ziehen. Sie leben dahin von einem Tag zum andern, ohne sich von der Gefahr, die dem Frieden droht, Rechenschaft zu geben.

Es gibt auch noch Verherrlicher des Krieges. Sie denken immer noch an den durch die Begeisterung oder durch die Notwehr einigermaßen idealisierten Krieg. Die Millionen von Menschenleben, die Kriegen geopfert würden, ziehen sie nicht in Betracht. Über Kriegsfriedhöfe mit Tausenden und Tausenden von Kreuzen sollten sie wandern, von der Frage begleitet und gequält, warum die, die hier miteinander begraben sind, eigentlich miteinander leiden und sterben mußten? Ein Patriotismus, der menschlich empfindet und weitsichtiger ist als der bisherige, muß aufkommen.

Das Ziel, auf das von jetzt bis in alle Zukunft der Blick gerichtet bleiben muß, ist, daß die Entscheidung in völkerentzweienden Fragen nicht mehr Kriegen überlassen bleibt, sondern in friedlichen Auseinandersetzungen gefunden werden muß. Der Krieg ist etwas geworden, das nicht mehr in Betracht kommen kann. Vor unserer Zeit, als die Waffen noch begrenzte

40 Zentimeter große Bronzegruppe des Hallenser Bildhauers Gerhard Geyer, die 1963 entstand

Wirkung hatten, konnte der Pazifismus als Utopie belächelt werden. In der heutigen aber, die über Waffen verfügt, die Millionen von Menschen in einer einzigen Schlacht vernichten können und eine tödliche Giftatmosphäre erzeugen, ist der Friede eine dringende Notwendigkeit geworden.

Die Stimme von Menschen zu hören, die wahrhaftig mit dem Kommen des Friedens beschäftigt sind, ist eine Wohltat in unserer Zeit. Das Humanitätsideal in der Welt zu Ehren zu bringen, ist das, was nottut. Es ist dies eine geistige Politik, die mit allem politischen Planen und Handeln zusammengehen muß. Durch sie wird eine geistige Verbundenheit zwischen den Völkern geschaffen.

Zur Zeit haben wir die Wahl zwischen zwei Risiken. Das eine besteht in der Fortsetzung des unsinnigen Wettrüstens in Atomwaffen und der damit gegebenen Gefahr eines unvermeidlichen und baldigen Atomkrieges, das andere in dem Verzichten auf Atomwaffen und in dem Wollen und Hoffen, daß die Völker des Ostens und des Westens dazu kommen können, in Frieden nebeneinander zu leben. Das erste enthält keine Möglichkeit einer gedeihlichen Zukunft. Das zweite tut es. Wir müssen das zweite wagen.

Die Theorie der Aufrechterhaltung des Friedens durch die gegenseitige Abschreckung stetig fortschreitender atomarer Aufrüstung kann bei der in der heutigen Zeit bestehenden Kriegsgefahr nicht mehr in Betracht kommen. Sie ist untauglich geworden. Ein Geist wahren Menschentums muß entstehen, wenn wir nicht an dem Geiste der Unmenschlichkeit, der heute in der Welt das Wort führt, zugrunde gehen wollen.

Entscheidendes für die Sache der Erhaltung des Friedens muß bald in Angriff genommen und geleistet werden.

Los von der Gesinnung der Unmenschlichkeit! Los von den Atomwaffen!

Wir leben in einer düsteren und beängstigenden Zeit. Dies hat seinen Grund in der Rolle, die die Gesinnung der Unmenschlichkeit in ihr spielt.

In diese Lage sind wir durch die Errungenschaften der Wissenschaft und der Technik geraten. Auf Grund dieser hat bereits die Vernichtungskraft der in den beiden Weltkriegen gebrauchten Waffen außerordentlich zugenommen. Deren Verwendung hat eine ihr entsprechende Zunahme unmenschlichen Geschehens und unmenschlicher Gesinnung mit sich gebracht.

Dieser Entwicklung sind wir widerstandslos erlegen. Die grausame Art der Kriegsführung durch Versenkung jeglicher Schiffe durch Unterseeboote und Bombardierung jeglicher Städte durch Flugzeuge kam in den beiden Weltkriegen auf, ohne daß sich irgendwo und irgendwie eine öffentliche Meinung gegen diese zunehmende Unmenschlichkeit auflehnte. Automatisch fand eine Verrohung des Empfindens der Menschen und der Völker statt. Man vermied es, sich von dem Elend, das diese neue Kriegführung mit sich gebracht hatte, Rechenschaft zu geben. Man nahm auch hin, daß die Zahl der geopferten Menschen nunmehr in die Millionen ging.

Die Rückschau auf das, was sich ereignet hatte, und die Art, in der wir uns damit abgefunden hatten, unterblieb, weil das Aufkommen von Atomwaffen uns auf noch größeres Vernichten und noch größere Unmenschlichkeit ausblicken ließ.

Eine Vorstellung der Vernichtung und des Elends, das sie im Gefolge haben würden, konnten wir uns auf Grund der Ergebnisse des Abwurfs einer Atombombe auf die japanische Stadt Hiroshima am 6. August 1945 machen. Zu der Verheerung durch die Sprengwirkung einer Bombe von ungeheuerer Gewalt kam nunmehr noch die hinzu, die durch die radioaktive Bestrahlung, durch den gewaltigen Luftdruck und durch die mächtige Brände entzündende Hitze bewirkt wurde. Als brennende Fackeln liefen in Hiroshima Menschen hin und her, vergeblich Rettung im Wasser suchend.

Mit den schweren Spätfolgen der nicht alsbald tödlichen radioaktiven Bestrahlung sind wir durch das Schicksal der Überlebenden von Hiroshima und ihrer Nachkommenschaft bekannt geworden.

In der Vervollkommnung aller Art von Atomwaffen sind wir heute so weit vorangekommen, daß ihre Wirkung mehr als das Tausendfache der Hiroshima-Bombe beträgt, also unvorstellbar ist. Einen mit ihnen geführten Krieg in Betracht zu ziehen, setzt eine unvorstellbare Gesinnung der Unmenschlichkeit voraus.

Alle Völker miteinander, insbesondere die, die über Atomwaffen verfügen, sollten es also ablehnen, daß von einem Atomkrieg je die Rede sein könne. Aber so manche von ihnen wollen sich keine Rechenschaft davon geben, daß wir es mit einem geistigen und ethischen Problem zu tun haben. Sie meinen, daß auch weiterhin Friede oder Atomkrieg ein rein politisches und militärisches Problem bleibe und man den Entscheid hierüber allein den Regierenden, den Diplomaten und Generälen zu überlassen habe.

Seit Jahren wird auf diese Weise über Verzicht auf Versuchsexplosionen und Abschaffung von Atomwaffen verhandelt, ohne daß man zu einem Ergebnis gelangt. Wenn in den Verhandlungen das Argument der unvorstellbaren Unmenschlichkeit des Gebrauchs dieser Waffen vorgebracht wurde, gingen manche der Verhandelnden nicht darauf ein. Es muß ja, ihrer Meinung nach, die Möglichkeit der Entscheidung für den Atomkrieg erhalten bleiben.

Man übersieht, was sich schon aus militärischen Überlegungen ergeben sollte, daß ein wirkliches Siegen über den Gegner in einem Atomkrieg kaum statthaben kann. Keiner der beiden Gegner ist dem andern in ganz erheblicher Weise überlegen.

Der Unterliegende kann dem Sieger so furchtbaren Schaden zugefügt haben, daß dieser nichts von seinem Siegen hat.

Überhaupt gibt es heutzutage kein praktisches Problem zwischen Völkern, dessen Bedeutung in irgendeinem Verhältnis zu den in einem Atomkrieg in jedem Fall zu erwartenden ungeheuren Verlusten steht. Ein Atomkrieg ist in jedem Falle durchaus sinnlos. Und dennoch reden manche Politiker immer noch davon, daß sie in dem und jenem Falle es auf das äußerste, das heißt auf einen Atomkrieg ankommen lassen würden …

Die Möglichkeit eines zwischen dem Osten und dem Westen ausbrechenden Atomkrieges ist in unserer Zeit dadurch gegeben, daß beide in der Angst leben, von dem andern überfallen zu werden. Atomwaffen sind Überfallwaffen. Der Angreifende befindet sich also in erheblichem Vorteil.

Diese gefahrvolle Angst des Ausgeliefertseins an den andern hat ihren Grund in der in unserer Zeit vorhandenen Gesinnung der Unmenschlichkeit. Rein durch das Vorhandensein von Atomwaffen ist das Vertrauen zwischen den Völkern zunichte geworden.

Aus dieser Not kann uns nur herausführen, daß wir die Einsicht und die Energie aufbringen, in unserer Gesinnung nicht mehr bei der grenzenlosen Unmenschlichkeit zu verbleiben, zu der wir durch das Vorhandensein der Atomwaffen verurteilt sind, sondern uns der Menschlichkeit verpflichtet zu fühlen, die die Abschaffung der Atomwaffen verlangt. Daraus würde sich die Möglichkeit ergeben, wieder die Atmosphäre zu schaffen, die es den Völkern erlauben würde, in Vertrauen miteinander zu verhandeln.

Kleingläubige mögen bezweifeln, daß solche geistige und ethische Umkehr statthaben könne. Warum nicht? Menschlichkeit ist unser eigentliches Wesen. Sobald wir uns ernstlich auf uns selber besinnen, können wir nicht anders, als uns für die Gesinnung der Menschlichkeit entscheiden.

Der große Helfer in unserem Bemühen der Rückkehr zur Menschlichkeit ist die Ethik der Ehrfurcht vor dem Leben. Die nur mit dem Verhalten des Menschen zum anderen Menschen beschäftigte Ethik besitzt nicht das Elementare und den Weitblick der der Ehrfurcht vor dem Leben, auch nicht deren Energie. Sie ist in Gefahr, in der Hauptsache mit Wohltun von Mensch zu Mensch beschäftigt zu bleiben und nicht genügend auf die Bekämpfung der Grausamkeit und des Tötens einzugehen, wie es unsere grausige Zeit erforderte. Die Ethik der Ehrfurcht vor dem Leben ist in unserer Zeit entstanden, in ihr beheimatet und auf deren Nöte und Forderungen eingestellt.

Gehen wir also daran, eine öffentliche Meinung, die nicht gewillt ist, die Unmenschlichkeit des Gebrauchs von Atomwaffen zu begehen, wachzurufen.

Im Verlaufe der Geschichte der Menschheit ist es heute dahin gekommen, daß ein gewaltiges politisches Problem – gewaltig, weil es sich um die Fortexistenz der Menschheit handelt – nicht mehr in rein politischer Auseinandersetzung behandelt und gelöst werden kann.

Das gewöhnliche politische Verfahren hat sich im Laufe der letzten Jahre als unzulänglich erwiesen. Ein Entscheid kann nur auf Grund der öffentlichen Meinung der beteiligten Völker erfolgen. Diese hat sich darüber zu äußern, ob sie in der Gesinnung der Unmenschlichkeit, die die Beibehaltung der Atomwaffen gutheißt, verharren will, oder ob sie in der Gesinnung der Menschlichkeit deren Abschaffung verlangen und durchsetzen will.

Die Völker können nicht weiter in der Meinungslosigkeit verharren, auf die sie sich, in Unentschlossenheit oder durch Politiker genötigt, zurückgezogen haben. Allzu lange ist man dabei verblieben, Politik ohne öffentliche Meinung machen zu wollen.

Heute ist das Gebot der Stunde, daß die öffentliche Meinung der atomwaffenbesitzenden Völker die Verantwortung übernimmt und sich der geistigen Tat, in der Menschlichkeit verbleiben zu wollen, fähig erweist.

Das Gelingen dieser höheren Politik bedeutet Rettung der Menschheit. Kommt sie nicht zustande, ist Weiterleben in zunehmendem Elend und Untergang unser Los.

Schweitzer und Götting, Januar 1960

Schriftwechsel zur Herausgabe des Buches

Die Entstehung einer Buch-Idee zieht sich mitunter über Monate, gar Jahre hin. Nachdem Götting erstmals Anfang 1960 Albert Schweitzer besucht hatte, entspann sich zwischen beiden eine Korrespondenz. Diese berührte alle Fragen des Daseins. Auch jene, die mitunter Buchautoren quälen. Da Schweitzer ebenfalls einer war, hatte er die gleichen Probleme, die immer und überall weltweit alle Buchverfasser drücken: Sie werden von Lesern behelligt, die ihre Bücher kaufen wollen, sie aber nicht kriegen können.

So schreibt denn Schweitzer am 24. Juli 1960 an Gerald Götting:

Meine Freunde drüben bei Ihnen lassen mich wissen, daß sie große Schwierigkeiten haben, meine beiden wichtigen Werke »Kultur und Ethik« und »Geschichte der Leben-Jesu-Forschung« zu erhalten. Sie können sich »Aus meinem Leben und Denken«, die »Kindheitserinnerungen«, das Buch über Bach beschaffen, wie auch »Zwischen Wasser und Urwald«. Aber die zwei Fundamentalwerke sind in den Buchhandlungen nicht zu haben. Könnten Sie vielleicht in Erfahrung bringen, ob dies der Fall ist, und woran das liegt?

Das sind gemeinhin Fragen, die sich jeder Autor selbst beantworten kann: Wenn ein Buch nicht mehr zu haben ist, ist es ausverkauft, und jedem Titel, wenn er denn nur noch gelegentlich nachgefragt wird, schlägt dann irgendwann die Stunde. Das Buch wird nicht noch einmal aufgelegt.

In Schweitzers Falle liegen die Dinge noch ein wenig anders.

Götting antwortet Schweitzer am 22. August 1960 mit der angemessenen Sensibilität. Denn die angefragten Titel sind nicht in Ost-, sondern in Westdeutschland verlegt worden.

Wie ich Ihnen bereits sagte, haben wir als Christlich-Demokratische Union drei Verlage, und im Koehler & Amelang Verlag in Leipzig ist Ihr Buch »Aus meinem Leben und Denken« in hoher Auflage erschienen. Auch Ihre anderen aufgeführten Bücher sind zu bekommen.
Es ist aber richtig, daß augenblicklich Ihr Werk »Kultur und Ethik« entweder aus Westdeutschland gekauft oder antiquarisch erworben werden muß. Ich habe meinen Freunden im Union Verlag inzwischen den Auftrag erteilt, mit dem westdeutschen Verlag zu verhandeln, wieweit und unter welchen Bedin-

gungen er uns die Lizenz für die Herausgabe dieses Werkes in der DDR gibt. Ich bleibe darum bemüht und hoffe, daß ich Ihnen bald von einem guten Ergebnis berichten kann.
Das selbe trifft auch für die »Geschichte der Leben-Jesu-Forschung« zu. Hier gibt es meines Wissens ein fotokopiertes Verfahren in Westdeutschland, das hat wohl finanzielle Gründe. Auch das lasse ich genau überprüfen.
Selbstverständlich kann man Ihre Werke in unseren Bibliotheken entleihen, in denen wir ja auch die vielseitig interessante und international herausgegebene Literatur über Ihr Leben und Ihre Arbeit in Lambaréné entleihen und studieren können.

Bei Göttings zweitem Besuch im Sommer des folgenden Jahres reift zunehmend die Vorstellung, das Konzentrat von Schweitzers Credo zu edieren. Es soll eine Handreichung für alle sein, die entweder die vorliegenden Werke nicht besitzen oder bekommen oder keine Zeit haben, die umfänglichen Werke zu studieren.

Albert Schweitzer findet die Idee gut und bittet Götting, ihm einen Vorschlag zu unterbreiten, wie ein solches Buch ausschauen, d. h. was es enthalten sollte. Dieser schickt am 24. Oktober 1961 eine Zusammenstellung von ihm geeignet erscheinenden Texten zur Bearbeitung.

Am 15. Dezember 1961 liefert Albert Schweitzer einen Arbeitsbericht.

Mit der Zusammenstellung der Akademie-Rede und der ethischen Aussprüche befasse ich mich sehr ernsthaft. Sie haben ja ein schönes Buch entworfen.
Die Übersetzung der Rede habe ich zum Teil neu gemacht. Ihre Übersetzung ist sehr gut. Aber es interessiert mich, ganz selbständig den Text wiederzugeben, ohne an die französische Rede gebunden zu sein.
Die anderen Texte habe ich auch durchgesehen und gehe sie nochmals durch. Werden Sie nicht ungeduldig. Auch der Drucker solls nicht werden.
Ich mache, was ich kann, in dem Müdigkeitszustand und in der vielen Arbeit, die ich täglich leisten muß.
Die Sache muß schön werden. Daß Sie diese Texte herausgeben, hat eine große Bedeutung für mich. Wo es um die Idee der Ehrfurcht vor dem Leben geht, bin ich von Herzen dabei und mit Dankbarkeit.

Bereits zehn Tage später meldet sich Schweitzer erneut. Am 25. Dezember, dem 1. Weihnachtsfeiertag, hat er die Arbeit am Manuskript abgeschlossen. Er erläutert seine Korrekturen und offenbart damit, wie gründlich er alles durchdacht hat.

Das Ganze muß eine einheitliche Symphonie bleiben. Nur so hat es seine Wirkung.
Ich bin dafür, daß trotz meiner Mitarbeit die Schrift unter Ihrem Namen ausgeht. Sie haben die Idee gehabt, Sie haben das Material zusammengetragen. Ich habe nur helfen Ordnung in das Material zu bringen. Für die Wirkung der Schrift ist es am besten, daß meine Mitwirkung nicht erwähnt wird. Es ist jetzt eine große Bedeutung, daß jetzt ein anderer von der Ehrfurcht vor dem Leben redet.

Nachdem die Arbeit getan ist, tritt auch bei Schweitzer jenes Gefühl ein, das er mit den meisten Autoren teilt: Der vorliegende Text ist vollkommen, jede winzige Korrektur, die der Lektor im Verlag vornähme, würde das völlig Werk entwerten. Und darum schreibt er am 1. Februar 1962 an Götting:

Ändern Sie, bitte, an dem Text nichts, ohne mich zu fragen. Ich habe mir viel Mühe mit der Sache gegeben.

Und er bescheinigt Götting erneut, was er ihm zu danken meint:

Aber niemals hätte ich daran gedacht, Gedanken aus verschiedenen Büchern von mir zusammenzustellen. Die Idee verdanke ich Ihnen. Es hat etwas für sich, dieses einfache Nebeneinander von Sätzen. Ich habe das Empfinden gehabt, eine Gedankensymphonie zu komponieren.

Nun gibt Götting das sorgfältig redigierte Manuskript in den Union Verlag. Der muß, wie seinerzeit erforderlich, im Kulturministerium die Zustimmung zur Drucklegung einholen.

Der für Literatur zuständige stellvertretende Kulturminister Erich Wendt bittet nach einer Weile Götting zu sich ins Ministerium. Ihm scheint die Sache nicht zu passen. Er fragt Götting: »Wie kommt der Union Verlag zu Albert Schweitzer?«

Götting erzählt ihm die Geschichte.

Wendt hört sich das an. Vor ihm liegt das von Schweitzer zum Druck freigegebene Manuskript.

Haupttitel des Buches, 1962

Und er verlangt Änderungen.

Götting ist ungehalten. Er ist stellvertretender Staatsratsvorsitzender, Chef der CDU-Fraktion in der Volkskammer und Generalsekretär der Union. Und: Wie kommt ein kleiner stellvertretender Minister eines kleinen Landes dazu, einen Friedensnobelpreisträger zu zensieren?

Doch da der Bürokrat offenkundig über Erscheinen und Nichterscheinen des Buches entscheidet und seine Macht auskosten möchte, läßt sich Götting darauf ein, jeden Änderungswunsch mit ihm durchzugehen.

Am Ende bleibt nur ein lächerlicher Korrekturwunsch übrig. Götting informiert den Autor in seinem Schreiben vom 17. März 1962:

Da Sie in Ihrem Brief vom 1. Februar die Möglichkeit andeuten, Ihnen eventuell die Bitte einer Änderung vorzutragen, so möchte ich davon Gebrauch machen und Sie bitten, im Kapitel VI, Seite 65, oben, die Worte »müssen« und »ja« zu streichen. Bei Ihnen heißt es dort: »Die Möglichkeit eines zwischen dem Osten und dem Westen ausbrechenden Atomkrieges ist in unserer Zeit dadurch gegeben, daß beide in der Angst leben müs-

sen, von dem anderen überfallen zu werden. Atomwaffen sind ja Überfallwaffen. Der Angreifende befindet sich also in erheblichem Vorteil.«
Das Buch wird unverändert, so wie Sie mir den Text übergeben haben, mit allen Kapiteln im Sommer dieses Jahres in meinem Union Verlag erscheinen. Ganz Ihrem Wunsch entsprechend werden wir ein gutes Format mit großem Druck und einen festen dauerhaften Einband nehmen.
Als Überschrift habe ich Ihren zweiten Vorschlag aufgenommen:
Albert Schweitzer:
Die Lehre der Ehrfurcht vor dem Leben.

Erinnerungen an Lambaréné
von Gerald Götting

Gerald Götting, Jahrgang 1923, kommt wie Siegwart-Horst Günther aus der Hallenser Gegend. Gleich diesem muß er Kriegsdienst in der Wehrmacht leisten. Nach amerikanischer Gefangenschaft studiert er an der Universität Halle Philologie.
1946 tritt er in die CDU ein. Noch als Student wird er 1948 in den Hauptvorstand der Partei gewählt, ein Jahr später, mit 26 Jahren, zum Generalsekretär.
Im Januar 1960 besucht Götting erstmals Lambaréné; insgesamt wird er sich viermal dort aufhalten – zweimal zu Lebnzeiten Schweitzers. Die erste Reise erfolgt in politischer Mission. Götting gehört dem Präsidium des Deutschen Friedensrates an und will mit dem Friedensnobelpreisträger über dieses Thema reden. Aus der zunächst offiziellen Begegnung entwickelt sich zwischen Schweitzer und dem polyglotten Kunstliebhaber aus Ostdeutschland eine nahezu freundschaftliche Beziehung. Für Schweitzer wird Götting der wichtigste Partner im Osten, wo Schweitzers Pazifismus keineswegs Staatsdoktrin ist.
In der Folge versucht Götting, in nahezu allen osteuropäischen Staaten Schweitzer-Komitees zu initiieren, in der DDR tragen am Ende über 200 Schulen, Arbeitskollektive und andere Einrichtungen den Namen Schweitzers, es erscheinen Albert-Schweitzer-Rundbriefe, Briefmarken und Publikationen. Götting gibt ein Schweitzer-Denkmal in Auftrag, das seither in der Klassikerstadt Weimar steht. Über das DRK gelangen regelmäßig Sachspenden der Ostdeutschen in großer Menge in das Urwaldhospital. Dazu tragen nicht zuletzt Filme und Dia-Ton-Vorträge bei, die in Kirchen und staatlichen Einrichtungen gezeigt werden.
Götting, der die DDR in offizieller Mission auf rund 150 Auslandsreisen vertritt, verliert mit dem Herbst 1989 alle politischen Ämter und lebt heute als Rentner in Berlin-Köpenick.

»Bleiben Sie, so lange Sie wollen!«

Die Idee, Albert Schweitzer am 14. Januar 1960 zu besuchen, entstand erst wenige Wochen zuvor. 1955 hatte ich ihm schriftlich zu seinem 80. Geburtstag gratuliert. Daraus entwickelte sich eine rege Korrespondenz, die schließlich den Wunsch reifen ließ, sich auf die etwa 6000 Kilometer weite Reise nach Lambaréné zu machen. Schweitzer hatte mir offenkundig die Angst nehmen wollen, als er mir schrieb: »Dann fahren Sie abends von Paris fort und sind am anderen Morgen um 10 Uhr auf dem Flugplatz in Lambaréné. Von dort bringt Sie das Automobil an den Fluß Ogowe. An dessen Ufer erwarten Sie vier Schwarze mit einem Boot und bringen Sie nach dem Spital.« Aha, so einfach war das also.

Ich hätte mich gewiß auch allein durchgeschlagen, und Schweitzers fürsorgliche Hinweise wären verzichtbar gewesen, was ihm wohl bewußt war, denn der eigentliche Grund seines Schreibens ist ein anderer. Nämlich: »Diesen Brief schreibe ich Ihnen, um Ihnen zu sagen, daß Sie hier willkommen sind.« Und damit keinerlei Zweifel aufkamen, fügte er an: »Bleiben Sie, so lange Sie wollen.«

Das Schönste hatte er sich jedoch bis zum Schluß aufgespart: »Kümmern Sie sich nicht um Tropenhelme. Sie bekommen diese hier von uns geliehen.«

Zur Vorgeschichte gehört allerdings auch, daß man sich im Zentralkomitees der SED nicht sonderlich interessiert zeigte, als ich dort in der auch für die CDU zuständigen Abteilung »Befreundete Parteien« meinen Wunsch vortrug. Irene Köhler, die Leiterin, fragte, was ich da in Afrika wolle. Und wer sei dieser Schweitzer überhaupt? Sie stellte fortgesetzt Fragen, die weniger auf die Ausfüllung von Wissenslücken zielten, sondern mehr auf meine Absicht, überhaupt zu reisen.

Ich trug, derart abgeblitzt, meine Bitte Walter Ulbricht vor.

Der stimmte zu.

Am 6. Januar 1960 breche ich auf. Mich begleitet Hans Kracht, ein Kameramann der DEFA. Er soll in Lambaréné drehen. Mit seinem Film wollen wir nach unserer Rückkehr die Menschen vornehmlich in Ostdeutschland über Albert Schweitzer und seine Arbeit informieren.

Im Gepäck haben wir Medikamente für das Urwaldhospital, die fünfzehn Kisten füllen, diverse Glückwunschschreiben zum 85. Geburtstag und ein Tonband mit Orgelmusik. Sie war in einer Kirche im thüringischen Mühlhausen aufgenommen worden. Das Instrument hatte im Krieg schwer gelitten und war nach Angaben von Albert Schweitzer restauriert worden. Nun erklang Bach dort wieder in seiner ganzen Wucht und Schönheit. Ich bin davon überzeugt, daß ihm der Mitschnitt gefallen wird. Ohne zu ahnen, daß er dort unten gar kein Tonbandgerät besitzt.

Ein polnisches Flugzeug bringt uns zunächst von Berlin nach Paris. Dort besteigen wir am späten Nachmittag eine viermotorige Maschine der Air France, die nach Abidjan an der Elfenbeinküste fliegt. Nach einem Zwischenstopp in Marseille landen wir in den frühen Morgenstunden des nachfolgenden Tages in Dakar, der Hauptstadt der Republik Senegal. Zum ersten Mal betrete ich afrikanischen Boden. Von dort geht es nun weiter nach Conakry in Guinea.

Schließlich erreichen wir Abidjan. Uns schlägt feuchtheiße Schwüle entgegen. Wir müssen fünf Stunden auf ein Flugzeug der Ghana Airways war-

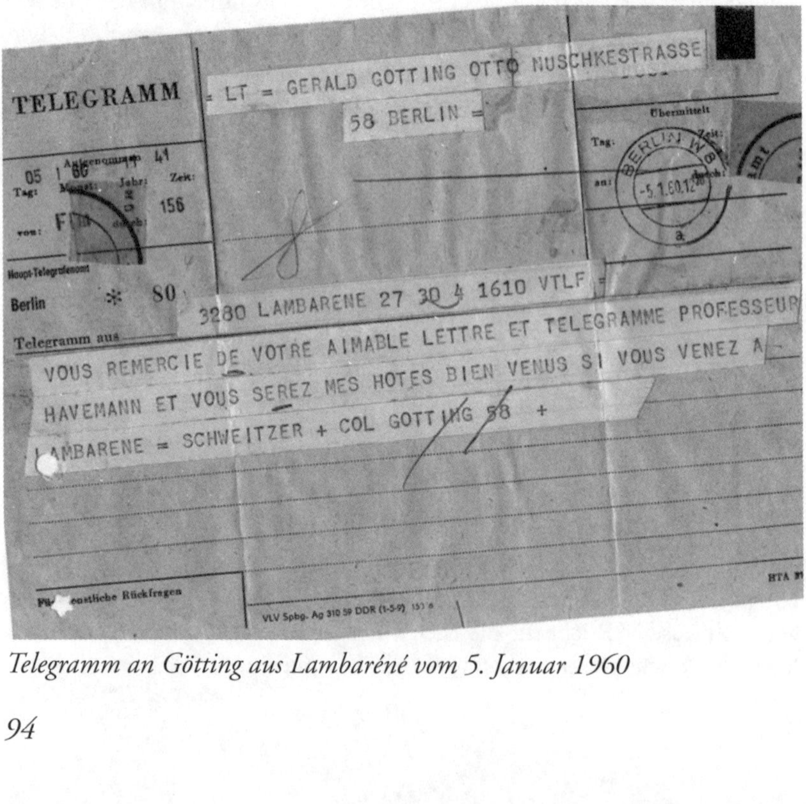
TELEGRAMM

= LT = GERALD GOTTING OTTO NUSCHKESTRASSE
58 BERLIN =

Haupt-Telegrafenamt Berlin 80

Telegramm aus 3280 LAMBARENE 27 30 4 1610 VTLF =

VOUS REMERCIE DE VOTRE AIMABLE LETTRE ET TELEGRAMME PROFESSEUR
HAVEMANN ET VOUS SEREZ MES HOTES BIEN VENUS SI VOUS VENEZ A
LAMBARENE = SCHWEITZER + COL GOTTING 58 +

Telegramm an Götting aus Lambaréné vom 5. Januar 1960

ten, der Schweiß fließt aus allen Poren. Die Hemden kleben an unseren Körpern.

In Accra begrüßt uns am Flughafen ein Mitarbeiter unserer Handelsvertretung, dem unsere Ankunft von Berlin avisiert worden ist.

Und, völlig überraschend, Robert Havemann, Professor an der Humboldt-Universität zu Berlin. Ihn habe die SED geschickt, sagt er lachend, damit die CDU nicht allein sich eines Besuches beim Friedensnobelpreisträger rühmen könne. Nun gut, sind wir also zu dritt. Schweitzer war offenkundig Havemanns Ankunft avisiert worden, seine telegrafische Bestätigung hatte mich in Berlin allerdings nicht mehr vor der Abreise erreicht.

Der Mann der Handelsvertretung fährt uns in die französische Botschaft, die uns die Visa für die Weiterfahrt nach Lambaréné erteilen soll. Die Beamten beäugen erst uns, dann die Papiere sehr kritisch. Es sind die vom Büro der westlichen Alliierten in Westberlin ausgestellten *Travelboards*.

Und wo sind die Impfausweise?

Wozu brauche er einen Impfausweis, fragt Robert Havenmann verärgert. Er sei gesund.

Die Franzosen reichen unbeeindruckt die Dokumente zurück.

»Non.« Die Einreise in Französisch-Äquatorialafrika sei unter diesen Umständen unmöglich, erklären sie.

Die Beamten formen ihr Gesicht zur Verschlußsache und bleiben jede weitere Auskunft schuldig.

Wütend verlassen wir die Behörde. Was nun?

Robert Havemann spricht von Schikane. Wir sollten, meint er, die Verweigerung der Franzosen als Nachricht in die ghanaische Presse lancieren. Öffentlicher Druck sei stets hilfreich.

Einige hauptstädtische Zeitungen bringen tatsächlich die Meldung und werfen in diesem Kontext die Frage auf, die ihnen Robert suggerierte: Ob die Franzosen uns deshalb nicht zu Albert Schweitzer lassen wollen, weil der Friedensnobelpreisträger erst kürzlich wieder die französischen Atombombenversuche in der Sahara verurteilt hat?

Wegen dieser Versuche waren nicht nur in Ghana viele Menschen protestierend auf die Straße gegangen. Auch andere afrikanische Staaten fühlen sich durch die Tests der Franzosen mindestens gefährdet, wenn nicht gar unmittelbar bedroht.

Handelsrat Seidel sieht das ein wenig pragmatischer. Er teilt Havemanns »klassenmäßige« Einschätzung nicht. Statt politische Erklärungen abzugeben, bescheinigt er dem berühmten Professor den aktuellen Verlust seines

Impfpasses. Wir werden erneut in der französischen Botschaft vorstellig. Jetzt erhalten Havemann, Kracht und ich nach mehr als einer Woche Zwangsaufenthalt anstandslos die beantragten Visa.

Es ist der 19. Januar. Vor fünf Tagen hatte Albert Schweitzer Geburtstag, zu dem wir ihm eigentlich gratulieren wollten.

Und erst am 21. Januar soll die nächste Maschine nach Gabun fliegen.

Wir verladen am Vormittag unsere Kisten mit den Medikamenten und heben endlich ab. Nach Zwischenlandungen in Lomé (Togo), Cotonou (Dahomey) und Lagos (Nigeria) erreichen wir am Abend Duala, eine Hafenstadt in Kamerun. Obgleich das Land seit dem 1. Januar formal unabhängig ist, sind die französischen Kolonialtruppen unverändert im Land präsent. Den Flugplatz umspannen Stacheldrahtverhaue. Überall sehen wir Militär.

Nach einer kurzen Nacht starten wir endlich mit einer kleinen zweimotorigen Maschine nach Libreville, der Hauptstadt Gabuns.

Zu unserer Verwunderung interessiert sich bei der Einreise keiner für unsere Papiere. Niemand will unsere französischen Visa sehen, um die wir fast anderthalb Wochen in Accra gekämpft haben.

Nach einer erneuten Zwischenlandung in Port Gentil, dem wichtigsten Hafen von Gabun, nimmt das Flugzeug endlich Kurs auf Lambaréné. Als wir einen kleinen, scheinbar nur aus wenigen Häusern bestehenden Ort im unübersehbaren grünen Meer des Urwalds überfliegen, heißt es, daß unter uns der Äquator läge. Aha. So also sieht die gedachte Linie aus, die die Nordhalbkugel von der südlichen Hemisphäre trennt.

Nach einer Stunde setzen wir in Lambaréné auf.

Der Flugplatz ist eine einfache Rollbahn inmitten gerodeten Geländes, am Terminal wird noch gebaut. Wie hatte Schweitzer gleich geschrieben? »Dann fahren Sie abends von Paris fort und sind am anderen Morgen um 10 Uhr auf dem Flugplatz in Lambaréné.«

Die kleine Distriktstadt benötigt kaum ein solch beachtliches Terminal, dessen Konturen sich bereits abzeichnen. Aber der unablässig wachsende Besucherstrom zum Hospital Dr. Schweitzers, das in manchen Reiseführern marktschreierisch inzwischen wie die Victoria-Fälle in Afrika behandelt wird, scheint ein solches Flughafengebäude erforderlich zu machen.

Uns trifft die Mittagsglut wie ein Keulenschlag. Die drei Japaner und der Amerikaner, die mit uns geflogen sind, werden von einer Dame in Weiß begrüßt. Auf uns wartet niemand. (Das Telegramm aus Accra, mit dem wir unsere Ankunft avisierten, soll erst Tage später eintreffen.)

Allerdings vermutet Robert, daß die Frau in Weiß aus dem Urwaldhospital kommen könnte. So ist es auch. Es handelt sich um eine Mitarbeiterin von Albert Schweitzer.

Wir schließen uns den vier anderen Männern an. Zunächst beladen wir ein Fahrzeug mit unseren Kisten und lassen diese und uns zum Ogowe bringen. Die Pirogen, kleine Einbäume, mit denen üblicherweise das drei Kilometer flußaufwärts liegende Hospital angesteuert wird, erweisen sich als zu klein für unser Gepäck. Frau Overmann, eine Holländerin, eben jene Dame in Weiß, überredet mit Geduld und erfolgreich den Kreisarzt, uns sein größeres Boot für den Transport zu überlassen.

Der Ogowe ist einer der größten Ströme Afrikas. Tausend Kilometer hat er bereits zurückgelegt, wenn er Lambaréné passiert und sich auf die letzten 200 Kilometer zum Atlantik begibt. Seine Ufer sind ausgespült, unablässig reißt das Wasser Erde mit sich. Große mächtige Bäume sind an einigen Stellen in die Fluten gestürzt, wie ich vom Boot aus sehe. Wenn der Ogowe Hochwasser führt, sagt Frau Overmann in das Geknatter des Dieselmotors, dann steigen die Wasser bis in den dunklen, undurchdringlichen Urwald, der mit seinen Schlinggewächsen, Lianen und mächtigen Baumriesen nur selten von einigen Strecken meterhohen Savannengrases unterbrochen wird. Sie weist mit ausgestreckter Hand ans Ufer.

Wir staunen und schauen. Der Fluß scheint eine Spur gewaltiger und unbändiger zu sein als alle Flüsse, die ich aus Zentraleuropa kenne.

Unser Boot tuckert dicht am Ufer entlang. In der Mitte des Flusses ist die Strömung zu stark. Dagegen kommt der kleine Motor kaum an.

Wir passieren die katholische Mission, dann tauchen im saftigen Grün der tropischen Landschaft die roten Dächer des Hospitals von Dr. Albert Schweitzer auf …

Ich schildere unsere lange Reise deshalb so ausführlich, um deren offensichtliche Beschwerlichkeit zu demonstrieren. Allerdings nicht, um *unsere* Leidensfähigkeit herauszustellen, sondern um zu zeigen, welchen Strapazen sich der hochbetagte Schweitzer bisweilen aussetzte, wenn er nach Europa oder in die USA reiste, um dort für sein Hospital, für den Frieden und für Afrika zu werben und, ja, zu betteln. Seine Einrichtung war (und ist) auf Spenden aus dem reichen Norden angewiesen. Die notleidenden Menschen auf dem Kontinent brauchten (und brauchen) die Hilfe der Industrieländer. Aufmerksamkeit jedoch, dessen war sich Albert Schweitzer bewußt, gewann man nur durch physische Präsenz. Und deshalb nahm er die Mühen der Reisen auf sich. Das letzte Mal 1959.

Albert Schweitzer kommt uns mit weit ausgebreiteten Armen entgegen. Unter dem Tropenhelm quillt das weiße Haar üppig hervor. Der markante Schnauzer bewegt sich beim Sprechen auf und nieder. Er selber sagte mal von sich, er sähe aus »wie ein schottischer Schäferhund«. Gleichwohl: Das Auffälligste in diesem Gesicht sind die lebhaften Augen.

Schweitzer spricht deutsch, genauer: breite elsässische Mundart. Die klingt uns ein wenig fremd in den Ohren. Aber wir verstehen ihn gut, auch den feinen Humor, der zuweilen mitschwingt. Als wir später einmal auf die in weiten Teilen der Welt herrschende Unvernunft zu sprechen kommen, sagt er, »des, wo am beschte gelunge isch in der ganzen Schepfung, des is die Dummheit von de Mensche«.

Ich sehe keinen Grund, ihm darin zu widersprechen.

Schweitzer ist Arzt, Theologe, Philosoph, Musiker, Schriftsteller, Architekt, Arbeiter und Organisator. Fühlt er sich als Franzose oder als Deutscher? »Wohl spreche ich von Kindheit auf Französisch gleicherweise wie Deutsch. Französisch aber empfinde ich nicht als Muttersprache, obwohl ich mich von jeher für meine an meine Eltern gerichteten Briefe aus-

Landungsplatz am Urwaldhospital von Lambaréné

schließlich des Französischen bediente, weil dies so Brauch in der Familie war. Deutsch ist mir Muttersprache, weil der elsässische Dialekt, in dem ich sprachlich wurzle, deutsch ist. Nach meiner Erfahrung scheint es mir eine Selbsttäuschung, wenn jemand zwei Sprachen als Muttersprachen zu besitzen glaubt.«

Ich spreche zwar ganz leidlich Französisch, meine Vorfahren mütterlicherseits stammen aus Frankreich, es gibt eine direkte Linie zum Herzog von Gramont. Doch ich unterhalte mich mit Schweitzer lieber in seiner und meiner Muttersprache, also auf Deutsch. Das Seinige wirkt ein wenig antiquiert, so wie man es von Menschen deutscher Herkunft kennt, die seit Jahrzehnten oder gar Generationen fern der ursprünglichen Heimat leben.

Wir verstehen uns vom ersten Moment an prächtig.

Unser Gepäck wird in ein einfaches kleines Zimmer gebracht, in dem wir zu dritt in den nächsten Tagen wohnen sollen. Nach dem Essen, so sagt uns Schweitzer, wolle er uns, wenn wir mögen, über das etwa 100 Hektar große Areal führen, das ihm vor fast einem halben Jahrhundert die französische Regierung schenkte.

Unsere Kleidung ist schon bald vom Schweiß durchfeuchtet. Wir sind in den Tropen, unweit vom Äquator. Das Klima ist besonders für Europäer nur schwer zu ertragen. Ich stehe vor einem Rätsel, wie der 85jährige Schweitzer dies überstand. Die Sterblichkeitsrate unter den Angehörigen der französischen Kolonialtruppen und des Beamtenapparates ist gewaltig, habe ich irgendwo gelesen. 60 Jahre wurde kaum einer, mit 47 darum in Pension und zurück nach Europa geschickt.

Unsere Kleidung in den Koffern, das werden wir schon nach wenigen Tagen merken, riecht nicht nur muffig und modrig: Sie modert tatsächlich. Die Sachen, die wir anhaben, trocknen weder über Nacht noch in der Sonne. Da hilft nur ein Bügeleisen.

Wir tragen wie alle anderen Männer lange Hosen und festes Schuhwerk, die Frauen weiße Wollstrümpfe. Das ist Vorschrift. Am Gras haften Krankheitserreger, die die Patienten dort im Vorübergehen abstreifen, da infiziert man sich leicht. Und der Tropenhelm schützt vor der Sonne. Schon nach kurzer, intensiver Sonnenbestrahlung stelle sich bedenkliches Unwohlsein ein, warnt Schweitzer. Das müsse man nicht erst ausprobieren.

Das Tragen des Tropenhelms am Tage und in der Nacht ist Vorschrift Nr. 1 im Spital, seit eine Schwester in der Nacht von einer Schwarzen Mamba gebissen wurde, die sich von einem Baum hatte fallen lassen. Regel Nr. 2: Nie auf eventuell mitgebrachte Thermometer schauen. »Damit kann das

Götting, Schweitzer, Havemann

Unwohlsein beginnen.« Beim Verlassen des Spitals habe man sich immer bei Fräulein Kottmann abzumelden.

Unser Rundgang beginnt beim Operations- und Behandlungsgebäude. Schweitzer berichtet über den Anfang. Er habe im ehemaligen Hühnerstall des französischen Missionars Morel sein erstes Spital eingerichtet. Das Geld brachte er selbst auf. Das waren die Tantiemen für ein Buch über Bach, das in drei Sprachen erschien, und die Honorare, die er für seine Orgelkonzerte erhielt.

Mit einem Satz: Der Leipziger Thomas-Kantor lieferte den Grundstock für Schweitzers Urwaldhospital, sagt Robert und wirft mir einen befriedigenden Blick zu.

So entstand Haus um Haus, berichtet Schweitzer. Die Arbeit sei erst ins Stocken geraten, als er während des Ersten Weltkrieges von den Franzosen interniert und nach Frankreich in ein Lager verbracht worden sei. Obgleich kein Soldat und jedem Kriegsdienst abhold, habe man ihn zum Kriegsgefangenen erklärt. Er war schließlich Deutscher. Also Feind.

Erste Eindrücke im Urwaldhospital

Nach sieben Jahren Abwesenheit sei er 1924 nach Lambaréné zurückgekehrt. Bis auf eine Wellblechbaracke war alles zerstört. Drei Kilometer flußaufwärts habe er neu begonnen, nämlich hier. Unter großen Mühen, aber zielstrebig und unterstützt von vielen Helfern.

Im OP zeigt uns Schweitzer voller Stolz das neue Röntgengerät. Dann gehen wir nach nebenan. Dort liegen die frisch Operierten. Sie begrüßen Schweitzer mit sichtlichem Respekt, aber auch mit unverhohlener Bewunderung und Zuneigung. Der Mann hat eine Aura. Er ist automatisch Mittelpunkt. Alle Blicke gelten nur ihm. Wir sind Beiwerk, Staffage, auswechselbar. Heute sind wir in seinem Gefolge, morgen andere. Viele weiße Besucher führt er durch die Räume. Wichtig für die Patienten ist aber nur er.

Nebenan steht eine Wohnbaracke ganz aus Aluminium. Sie wurde von Schweizer Eidgenossen finanziert. Er sei zunächst skeptisch gewesen, sagt Schweitzer, und habe gefürchtet, daß die hohe Luftfeuchtigkeit das Metall rasch korrodieren lassen würde. Doch er mußte sich korrigieren.

Er setzt sich auf einen Stein und fordert uns auf, es ihm gleichzutun. Er nimmt den Tropenhelm ab und wischt sich mit einem Tuch den Schweiß von der Stirn. Es ist unerträglich schwül, die Luft drückend schwer.

Zu seiner »kleinen UNO«, erzählt er, gehörten fünf Ärzte und sechzehn Schwestern. Alle stammten aus verschiedenen europäischen Ländern und arbeiteten ohne Lohn und Gehalt.

Wir schauen skeptisch.

Natürlich bezahle er die Afrikaner, die inzwischen von ihnen ausgebildet wurden und angestellt seien, sagt er. Doch die Helfer aus Europa, Amerika und Asien könnten wegen des Klimas ohnehin nur ein oder zwei Jahre in Lambaréné bleiben. Sie betrachteten darum ihr befristetes unentgeltliches Engagement in Afrika als ihren persönlichen Beitrag, die Not in der Dritten Welt lindern zu helfen. Die Afrikaner sind von uns Weißen ins Elend gestürzt worden. Die Kolonialmächte haben die in Jahrtausenden gewachsenen Stammesstrukturen und -traditionen zerschlagen und sich die Menschen als Sklaven unterworfen. Sie zogen willkürlich Grenzen und beuteten die Naturres-

Rundgang mit Schweitzer durchs Spital

Küche unter freiem Himmel

sourcen aus. Und die Missionare bekehrten die Heiden zum christlichen Glauben und setzten an die Stelle der Götter den einen Gott. In den vergangenen Jahrhunderten ist vermutlich das meiste auf diesem Kontinent falsch gelaufen. Wir können nur die Not lindern, die Symptome bekämpfen, sagt Schweitzer. Die eigentliche Krankheit ist vermutlich nicht mehr heilbar. Man kann das Rad der Geschichte nicht zurückdrehen.

Trotzdem, so fügt er nachdenklich an, wenn die Weißen bisweilen die kriegerischen Stämme nicht trennten, hätten diese sich schon längst ausgerottet. Er wisse, daß ihm diese Überzeugung von manchem als rassistisch ausgelegt werde. Dennoch meine er, wenn man heute die Afrikaner sich selbst überließe, begänne ein barbarisches Hauen und Stechen.

Ich zögere, ihm darin zuzustimmen, auch Robert kneift seine Augen bedenklich zusammen. Doch die Entwicklung auf dem afrikanischen Kontinent in den folgenden Jahrzehnten soll Schweitzer recht geben. Leider. Am Ende des Jahrtausends werden in ethnischen Konflikten Millionen Menschen gestorben und vertrieben worden sein, viele der 54 afrikanischen Staaten sind politisch instabil, völlig überschuldet und gehören inzwischen zu den ärmsten der Welt. Das Geld, welches aus dem reichen Norden floß, versickerte in dunklen Kanälen der Korruption und auf den Konten regierender Schurken …

Wir sehen Frauen, die hinterm Haus waschen und kochen. Die Patienten kommen in der Regel mit der ganzen Familie, erklärt Schweitzer. Sie sorgt für den Kranken. Ist einer allein, bekommt er am Abend auf dem Platz vor dem Doktorhaus seine Ration vom Hospital: Bananen, Maniok, Reis und anderes.

Plötzlich lupft Schweitzer seinen Tropenhelm und grüßt einen vorübereilenden Schwarzen. »Das ist kein Patient, ich kenne ihn nicht«, sagt er. »Solche Leute laufen jetzt häufiger hier herum und wiegeln Mitarbeiter und die Patienten auf. Vielleicht ist der Mann morgen Minister in Libreville, und ich bin dann von seiner Laune abhängig. Also bin ich übertrieben freundlich.«

Schweitzer hat, das läßt sich nicht überhören, zu manchem Farbigen, der zu Macht gekommen ist und damit nicht umzugehen weiß, ein distanziertes Verhältnis. »Sie werfen mir vor, daß ich die schwarzen Mitarbeiter angeblich

schlecht entlohne und daß das Spital unmodern sei. Dahinter verbirgt sich nur Neid, weil ihr städtischens Krankenhaus in Lambaréné weitaus weniger besucht wird als unseres. Es ist vielen Menschen zu fremd, das ist nicht afrikanisch.« Die Medizinmänner, die im Dunkel der Wälder gegen die europäische Medizin predigen, sind harmlos gegen die Gewerkschafter und die neuen Herren, denen alle Weißen suspekt sind. »*Die* sind gefährlich, denn sie versprechen goldene Berge. Schuld daran sind wir Europäer, sie kopieren uns. Auf diese Weise werden auch die alten, bewährten Bindungen der Stämme untergraben.«

Wir besichtigen das Bettenhaus. Die Schlafstellen haben keine Matratzen, als Unterlage dient trockenes Gras, über das eine Decke gebreitet ist. Im Bedarfsfalle gäbe es weitere Decken und Moskitonetze, erläutert Schweitzer.

Behandlung und Medizin müßten jedoch bezahlt werden.

Er lächelt, als er unsere fragenden Blicke sieht.

Dochdoch, das sei so. Denn was nichts kostet, sei in den Augen der Afrikaner nichts wert. Sie hätten, berichtet er, früher einmal die Medikamente gleichsam verschenkt. Daraufhin wurden diese empört von den Patienten

Ein Versorgungsboot bringt Bananen

zurückgewiesen. Man wolle »anständige Medizin«, erklärten sie verärgert.

Als ahnte er unsere Frage. Natürlich hätte hier kaum einer Geld. Die Verbindlichkeiten würden abgearbeitet. Jeden Morgen versammelten sich die arbeitsfähigen Kranken vor dem Doktorhaus. Dann teile er sie zu verschiedenen Verrichtungen ein: Bautrupps, Gärtner, Wäscherinnen, Plätterinnen, Transportkommandos etc. Im übrigen erwarte er auch uns nach einer Phase der Akklimatisierung zu diesem Arbeitsappell. Hier müsse jeder mit Hand anlegen.

Auf der anderen Seite gebe es aber auch gegenteilige Reaktionen. In einer Hütte, wo wir auf einen Mann treffen, der wortlos seine Sachen packt, führt er es uns vor. Der junge Farbige nimmt demonstrativ keine Notiz von uns. »Das ist ein geheilter Patient«, erklärt Schweitzer. »Wir haben seinen Leistenbruch behoben. Gestern war er bei Mathilde Kottmann und verlangte Geld. Er habe schließlich vier Wochen hier gearbeitet. Und als Fräulein Kottmann im klarmachen wollte, daß das die Gegenleistung für die Operation gewesen sei, habe er gemeint, daß nicht *er*, sondern wir für seine Heilung bezahlen müßten, schließlich habe er uns vier Wochen zur Verfügung gestanden.« Schweitzer blickt besorgt. »Jetzt ist er verärgert. Die Afrikaner sind sehr empfindlich und schnell beleidigt.«

Robert Havemann will wissen, welche Krankheiten vornehmlich auftreten.

Alles, was es auch bei uns in Europa gibt, sagt Schweitzer. Krebs und Blinddarmentzündungen ausgenommen, das kenne man in Afrika nicht. Weit verbreitet, wenngleich rückläufig, sei die Schlafkrankheit. Sie werde von der Tsetsefliege, einer Mücke, übertragen und ende tödlich, wenn sie nicht beizeiten behandelt wird. Ist jemand mit den Krankheitserregern infiziert, bekommt er in unregelmäßigen Intervallen Fieber, später treten schwere Kopfschmerzen und Schlaflosigkeit hinzu. Das Gedächtnis beginnt sichtlich zu schwinden, die Glieder werden von rheumatischen Schmerzen befallen, der Patient beginnt zu toben oder wird melancholisch und depressiv. Im Endstadium fällt er in einen tiefen, bewußtlosen Schlaf. Die Entzündung der Hirnhaut führt schließlich zu einem jammervollen Tod.

Meist jedoch hätten sie es im Hospital mit Geschwüren zu tun, die von einem Sandfloh verursacht würden. Der beiße sich unter den Zehnägeln fest. Die Geschwüre breiteten sich über den ganzen Körper aus und müßten

Havemann, Götting und Schweitzer im Urwald

gründlich ausgekratzt werden. Sie seien nicht nur schmerzhaft und übelriechend, sondern überdies auch äußerst ansteckend.

Aha, daher die langen Hosen und die Wollstrümpfe.

Und natürlich gebe es Malaria, sagt der Doktor, die von der Anopheles übertragen wird. Doch dagegen seien wir wohl vor dem Abflug in Berlin geimpft worden wie wohl auch gegen andere typische Tropenkrankheiten, etwa die Amöbenruhr, die einzellige Lebewesen im Dickdarm auslösten. Sie zerstören die Darmwand und lösen entsetzliche Schmerzen aus. Gelbfieber, Wurmkrankheiten, vor allem die Billharziose, Elefantiasis – Tumore an den unteren Gliedmaßen …

Der Katalog der Leiden unter afrikanischer Sonne ist lang. Länger, als wir es uns daheim vorstellten. Robert Havenmann ist still geworden.

Am Abend finden wir uns im Speisesaal ein.

Das ist ein langgezogener Raum, in dessen Mitte ein breiter Tisch steht. An der linken Wandseite sehe ich ein Klavier. Meine Vermutung wird auf

Blick über den Ogowe

Nachfrage bestätigt: Es muß wegen der hohen Luftfeuchtigkeit regelmäßig gestimmt werden.

Durch die offenen Fenster weht frischer Wind. Die Gaze hält die Insekten ab, die zum Licht der Petroleumlampen fliegen wollen. Draußen lebt der Urwald, fremde Geräusche und Schreie dringen an unser Ohr. Der Tag tritt unmittelbar in die Nacht, es gibt am Äquator keine Dämmerung. Wir haben Januar, 18 Uhr ist es nahezu dunkel.

Die Lampen mit ihren grünen Schirmen verleihen dem Raum etwas Sakrales. Das Licht erreicht bestimmte Ecken nicht, die Gesichter der am Tisch Sitzenden werden nur von vorn beleuchtet. Selbst ein profanes Mahl erfährt durch diese Stimmung eine feierliche Aufwertung. Das Bild gleicht Motiven auf alten Gemälden: das Abendmahl der Jünger mit Jesus.

Das Essen wird vom Personal aufgetragen, nachdem Albert Schweitzer ein kurzes Gebet gesprochen hat. In den Karaffen funkelt klares, kühles Wasser. Regenwasser, wie wir hören, das abgekocht wurde.

Jeder an der Tafel hat seinen festen Platz, auch die Gäste. Wir sitzen schräg gegenüber dem Chef, der keiner sein will. Er wünscht weder, daß man ihm den Vortritt läßt, noch daß man ihm besonders behilflich ist. Und er werde uns am Morgen auch nicht fragen, wie wir geschlafen hätten, sagt er. Ihm sei übertriebene Höflichkeit zuwider. Jeder solle sich natürlich bewegen. Und wer ein Morgenmuffel ist, müsse das nicht unterdrücken und sich verstellen.

Es kreisen die Schüsseln, jeder bedient sich selbst. Schweitzer fragt uns über den Tisch nach diesem und jenem, die Tafelrunde hat trotz ihrer Feierlichkeit nichts Höfisches, Steifes. Scherze fliegen hinüber und herüber.

Nach dem Essen, beim Abräumen des Geschirrs, werden die Liederbücher verteilt. Schweitzer nennt die Seitenzahl und setzt sich ans Klavier. Natürlich, es ist ein Choral von Bach, zu dem einer der bekanntesten Kirchenliederdichter, nämlich Paul Gerhardt, 1648, am Ende des 30jährigen Krieges, den anrührenden Text schrieb. Es bewegt uns sehr, unterm Kreuz des Südens und inmitten des Urwalds auf diese Weise an die Heimat erinnert zu werden.

Nun ruhen alle Wälder,
Vieh, Menschen, Städt' und Felder,
Es schläft die ganze Welt;
Ihr aber, meine Sinnen,
Auf, auf, ihr sollt beginnen,
Was eurem Schöpfer wohlgefällt!

Wo bist du, Sonne, blieben?
Die Nacht hat dich vertrieben,
Die Nacht, des Tages Feind.
Fahr hin! Ein' andre Sonne,
Mein Jesus, meine Wonne,
Gar hell in meinem Herzen scheint.

Der Tag ist nun vergangen,
Die güldnen Sternlein prangen
Am blauen Himmelssaal;
So, so werd' ich auch stehen,
Wenn mich wird heißen gehen
Mein Gott aus diesem Jammertal.

Der Leib eilt nun zur Ruhe,
Legt ab das Kleid und Schuhe,
Das Bild der Sterblichkeit;
Die zieh' ich aus, dagegen
Wird Christus mir anlegen
Den Rock der Ehr' und Herrlichkeit.

Breit aus die Flügel beide,
O Jesu, meine Freude,
Und nimm dein Küchlein ein!
Will Satan mich verschlingen,
So laß die Englein singen:
Dies Kind soll unverletzet sein!

Auch euch, ihr meine Lieben,
Soll heute nicht betrüben
Kein Unfall nicht Gefahr.
Gott laß euch ruhig schlafen,
Stell' euch die güldnen Waffen
Ums Bett und seiner Helden Schar.

Mit Inbrunst singen der Pfarrer aus Los Angeles und sein Nachbar aus Japan, die Ärzte und Schwestern aus Frankreich und die vielen Mitarbeiter, die »kleine UNO« eben.

Nach dem Choral schlägt Schweitzer die Bibel auf. Er trägt im breiten Elsässisch einige Verse aus dem Matthäus-Evangelium vor. Langsam und jedes Wort wägend. Und schließt mit dem Vaterunser.

Dann nimmt er die Brille ab, von der er – wie Goethe – nicht wünscht, daß man sie in Texten erwähnt oder überhaupt zur Kenntnis nimmt, denn gänzlich frei von Eitelkeit ist auch er nicht. Ich kenne auch kein Foto, das ihn mit Augengläsern zeigt. Im freien Vortrag erläutert er die Bibelstelle. Seine Gedanken sind einfach und von einem tiefen Glauben durchdrungen, gleichwohl unorthodox und undogmatisch. Einige am Tisch schreiben mit. Andere hängen wie gebannt an seinen Lippen.

Nachdem er geendet, erhebt er sich, wünscht eine Gute Nacht und geht.

Wir schauen uns um. Ich frage den Nachbarn.

Nein, er arbeitet jetzt noch. Erledigt die Korrespondenz, schreibt Beiträge für Zeitungen oder Bücher. Er ist ein unermüdlich tätiger Mann.

Wir verabschieden uns ebenfalls und suchen unser kleines Zimmer auf.

Darin stehen drei Feldbetten, zwei an der rechten, eines an der linken Seite, daneben ein Waschtisch mit einer Kanne Wasser. Dazu ein Tisch und ein Schemel. Durch das geöffnete Fenster weht ein kühlender Wind vom Ogowe, er bewegt leicht die weißen Gardinen.

Dem Luftzug verdanken wir es auch, daß wir trotz der unverändert hohen Temperaturen umgehend in einen tiefen Schlaf fallen.

Am Morgen weckt uns ein kräftiges Plink-Plink. Ich schaue auf die Uhr. Es ist gerade 6. Der Wecker besteht aus zwei Eisenschienen, die unweit des Speisesaals hängen. Eine Schwester schlägt dagegen, wie wir beim Blick nach draußen sehen.

Die Sonne strahlt bereits vom blauen Himmel. Das Leben im Lager beginnt zu erwachen. 7.30 Uhr versammeln wir uns im Saal zum gemeinsamen Frühstück. Punkt 8 Uhr ist auf dem Platz davor Arbeitsverteilung und -beginn. Und preußisch geht es weiter. Von 12 bis 12.30 Uhr Mittagspause, dann »Siesta«. Und von 14 bis 18 Uhr wird die zweite Hälfte der »Schicht« absolviert.

An unserem zweiten Tag werden wir noch nicht in die Arbeit eingebunden, wir sollen erst das neue Lepradorf besichtigen.

Das liegt etwa zehn Minuten vom eigentlichen Hospital entfernt. Man gelangt auf einem Weg am Ogowe dorthin. Zunächst kommt man zu den Hütten des alten Lepradorfes. Von dort steigt man zu einem Hügel hinauf, wo das neue Dorf liegt. Oder man benutzt den sogenannten Höhenweg vom Doktorhaus am Friedhof vorbei.

Wir trafen bereits gestern Lepröse, die an ihren dicken Verbänden an den Füßen zu erkennen waren. Die Menschheit kennt diese Krankheit seit Jahrhunderten. In Überlieferungen aus dem Altertum, selbst in der Bibel, wird von Aussätzigen berichtet, die man aus den Siedlungen vertrieben hatte. In der Literatur sind Schicksale beschrieben; bei Jack London beispielsweise finden sich berührende Schilderungen.

Man kennt seit 1871 den Erreger. Er wurde nach seinem Entdecker, dem Arzt Gerhard Armauer Hansen, benannt *(bazillus hanseni).* Doch wie die Übertragung der Infektionskrankheit erfolgt, weiß man bis zur Stunde nicht. Auch anderes ist unbekannt. Die Inkubationszeit kann zwei, drei, auch zehn oder dreißig Jahre betragen. Die Krankheit selbst nimmt dann ihren unerbittlichen, chronischen Verlauf: Die Extremitäten, der Kopf eingeschlossen, lösen sich in einer Knorpelschicht auf. Glied für Glied fault regelrecht ab, sofern man die Lepra nicht stoppen kann. Die Krankheit selbst führt zwar nicht direkt zum Tode, doch Haut und Nervensystem werden auf Dauer derart in Mitleidenschaft gezogen, daß der Exitus unausweichlich ist. Hinzu kommen oft noch andere Infektionen, da die Abwehrkräfte nachhaltig geschädigt werden. Da es bis dato nicht gelang, den Lepra-Bazillus auf einem künstlichen Nährboden zu entwickeln, fanden auch kaum Experimente zur

Bei den Holzfällern im Regenwald

Herstellung wirksamer Gegenmittel statt. (Erst seit 1984 gilt die Krankheit als heilbar und wird mit Antibiotika bekämpft.)

Auf dem Weg zum Lepradorf erfahren wir von unserem Begleiter, daß Schweitzer vom Geld, das er für den Friedensnobelpreis bekam, zwischen 1953 und 1957 die neue Anlage errichten ließ. Augenblicklich befänden sich dort an die 180 Kranke und deren Angehörige. Damit sei allerdings die Kapazität keineswegs ausgelastet.

Die Gebäude stehen in geordneten Reihen um einen zentralen Platz, in dessen Mittelpunkt sich der Behandlungsraum und das Labor befinden. Jedem Wohnraum gegenüber liegt eine Gemeinschaftsküche, so daß es keinen Streit mehr geben kann wie in der früheren Gemeinschaftsküche, hören wir.

Die Lepra-Kranken haben beim Bau kräftig mit angepackt, heißt es. Sie halfen bei den Erdarbeiten und beim Transport der Materialien sowie bei der Errichtung der Holzkonstruktionen und bei der Herstellung der »Palmenziegel«. Dazu nutzte man auch die Gleise und die Loren, die mit Spenden aus Europa finanziert worden waren. So konnte die Distanz zwischen dem Flußufer und der Baustelle leichter überwunden werden.

Im Behandlungsraum treffen wir auf einen japanischen Arzt. Dr. Taka-

Arbeitsrast

Im Lepradorf

hashi begrüßt uns herzlich, nachdem wir ihm vorgestellt worden waren. Auch er spricht deutsch. »Ich will hier dienen. Nichts weiter als dienen«, sagt er und lächelt asiatisch freundlich. Er habe viele schwere Fälle, berichtet er weiter. Meist kämen die Kranken erst sehr spät, zu spät. Und das läge nur zum Teil an den großen Entfernungen. Sie schleppten sich oft mehrere hundert Kilometer weit bis hierher und hofften auf Heilung. Die sei aber kaum möglich, allenfalls Linderung könne man verschaffen. Auf die von Schweitzer praktizierte Arbeitstherapie gebe er sehr viel. Dadurch würden die Kranken in der Gemeinschaft aufgehoben, wären nicht mehr isoliert und lebten nicht mehr in dem Bewußtsein, man habe sie ihrem Schicksal überlassen.

Fatalismus, so Dr. Takahashi, sei für Menschen, die dem Aberglauben tief verhaftet wären, sehr gefährlich. Die Suizide, die man früher unter Leprösen registrierte, seien zurückgegangen. Im neuen Dorf, und das sagt er nicht ohne Stolz, habe noch kein Kranker versucht, Hand an sich zu legen.

Takahashi zeigt uns die Krankenstation. Sie ist einfach und zweckmäßig ausgestattet, es gibt kaum irgendwelche komplizierten Geräte. Ich sehe einige schwarze Helfer, die ihm zur Hand gehen. Gerade kommt eine junge Frau mit einem Kind auf dem Arm. Einer der Assistenten entfernt die durchweichte Binde am Fuß. Wir schrecken beim Anblick der offenen Wunde zurück. Der Farbige trägt eine übelriechende grüne Salbe auf, reicht ihr zwei Eßlöffel mit Pulver, das die Frau geduldig schluckt. Sie spült mit Wasser nach. Die Wunde wird sorgfältig verbunden, dann erhebt sie sich schweigend und geht. Die ganze Zeit behielt sie das Kind auf dem Arm.

Die Binden werden keineswegs weggeworfen, sondern gekocht und wieder in den Kreislauf eingespeist. Not und Umweltbewußtsein lassen keine andere Möglichkeit: Wo und wie sollte man das infektiöse Verbandsmaterial mitten im Urwald auch entsorgen?

Wir schauen uns im Dorf um. Das Leben scheint normal dahinzugehen. Wir sehen eine Mutter, die ihr Kind in einer Schüssel badet. Eine alte Frau raucht vor ihrem Haus eine Pfeife und lädt uns ein, ihr Heim, das ihr letztes sein wird, zu besichtigen. Sie weist, sichtlich stolz, auf die Dielen. Im alten Dorf war der Boden naß und feucht, versucht sie uns zu verstehen zu geben.

Es gehört nicht viel dazu, um diese Menschen glücklich zu machen. Wir sehen ihnen die innere Ruhe und Zufriedenheit an.

Auf dem oberen Weg kehren wir ins Hospital zurück. Zum Ogowe öffnet sich ein wunderbarer Ausblick, wie er nicht schöner und eindrucksvoller sein kann. Bis in die weite, vom Sonnendunst verhangene Ferne schweift der Blick über die saftigen, satten Farben des Urwalds. Palmen, mächtige Mangobäume und Affenfruchtbäume heben sich aus dem überquellenden Grün.

Wir treffen auf eine Weiße, die sich auf dem Friedhof zu schaffen macht. In der rotbraunen Erde des Urwalds werden die Toten bestattet. Sie sterben als Christen, als Juden, als Moslems, als Fetisch-Anbeter, die ihren guten und bösen Geistern huldigten. Wir sehen neben den einfachen Holzkreuzen Steine mit dem Halbmond.

»Wir unterscheiden nicht, welcher Religion der Tote folgte. Ein Mensch ist ein Mensch, alles andere ist unwichtig«, sagt die Frau. Die Afrikaner würden den Tod nicht so fürchten wie wir Europäer, fährt sie fort. Es ist für sie ein natürliches, unausweichliches Ereignis. Die Kranken suchten auch keinen Trost beim Arzt, sondern die Wahrheit: Wie viel Zeit bleibt mir, um mich aufs Ende vorzubereiten? Stelle man ihnen hingegen Genesung in Aussicht,

Alltag im Urwaldhospital

was spekulativ sei, empfänden sie dies als Betrug. Man müsse sehr sensibel sein.

Am nächsten Tag, es ist ein Sonntag und der 24. Januar 1960, versammeln sich alle vor dem Frühstück am Doktorhaus. Ich frage eine Schwester nach dem Grund. Dr. Friedmann, der ungarische Arzt, habe Geburtstag.

Es werden wieder die Gesangbücher verteilt, dann singen wir zu Ehren des Jubilars aus voller Kehle einen Choral. Sodann defiliert die gesamte Lambaréné-Familie an Friedmann vorbei und schüttelt ihm die Hand. Er wehrt bescheiden ab, hebt lächelnd die Hände, wenn ihm ein kleines Geschenk überreicht wird. Die Geste berührt. Ich sehe an seinem Unterarm eine eingebrannte Nummer. Später frage ich ihn danach. Meine Vermutung bestätigt sich. Er hat Auschwitz überlebt und ging nach der Befreiung in die USA. Schweitzer habe ihn veranlaßt, die Schatten der Vergangenheit hinter sich zu lassen, sagt er, ohne daß es pathetisch klingt. Das Schlechte, das mir angetan wurde, beantworte ich mit Liebe zu meinen schwarzen Brüdern. Seit Jahren gehöre er zu den fünf Ärzten, die neben Schweitzer immer in Lambaréné praktizierten.

Später kommen auch Patienten und überreichen ihm kleine Schnitzereien oder Teller mit Erdnüssen oder Kokosnüsse. Friedmann ist sichtlich bewegt. Beim Mittagessen hält Schweitzer eine kleine Rede, sie ist schlicht und wärmt nicht nur dem Geburtstagskind das Herz. Es gibt Wein und ein Gericht, das sich Friedmann wünschen durfte. (Während unseres Aufenthaltes erleben wir noch zwei weitere Geburtstage. Die beiden Schwestern aus Europa erfahren die gleiche Aufmerksamkeit und Zuwendung wie Dr. Friedmann. Auch darin wird das egalitäre Verständnis von Schweitzer erlebbar.)

Nach dem Frühstück bittet uns der Doktor in sein Arbeitszimmer. Es ist ein kleiner Raum, in welchem er sowohl die Schreibarbeiten erledigt als auch schläft. Tür und Fenster sind mit Gaze bespannt, der Wind geht hindurch wie die Blicke. Auf dem Schreibtisch stapeln sich Papiere und Bücher, daneben hängt ein Moskitonetz von der Decke. Ich sehe eine kleine Waschkommode und Bücherregale, einen Stuhl und einen Hocker. Nebenan in der Kammer erblicke ich ein Harmonium.

Vom Schreibtisch schaut Schweitzer auf den Fluß, dahinter, in der Ferne, erheben sich aus dem grünen Urwald blaue Berge. Unmittelbar vorm Fenster bewegen sich die Antilopen in ihrem Gehege. Sie sind, wie wir schon bemerkten, handzahm und lassen sich vom Doktor gern streicheln. Tiere haben ein feines Gespür.

Ich setze mich zu ihm an den Schreibtisch. Er weist lächelnd auf eine Ameisenstraße, die quer über die Arbeitsplatte läuft. An der linken oberen Ecke, von Papieren fast zugedeckt, stehen Wasser und Zucker. Kleine rote Ameisen krabbeln das Tischbein hinauf und kehren, gesättigt und mit Zuckerkrümeln beladen, wieder denselben Weg zurück. Unablässig laufen sie hinauf und hinab. Draußen vor der Tür liegen zwei Hunde, und nachts, sagt er, schlafe auch ein Papagei mit ihm, der tagsüber draußen das Haus bewache. Früher habe er auch eine kleine Antilope und einen jungen Schimpansen im Zimmer gehabt, doch irgendwann seien sie zu groß geworden.

Schweitzer möchte sich mit mir ein wenig austauschen. Ich bin nicht als Privatperson hier. Ich bin Generalsekretär der Christlich-Demokratischen Union, gehöre dem Präsidium des Friedensrates an und habe auch ein Staatsamt. Als Stellvertreter des Staatsratsvorsitzenden bin ich de facto Vizestaatsoberhaupt der zweiten deutschen Republik. Der Doktor erzählt mir von seinem Freund Albert Einstein, wie dieser unter dem Wissen leide, seinerzeit den USA die Entwicklung der Atombombe empfohlen zu haben. Seit Hiroshima und Nagasaki gehört er zu den entschiedenen Gegnern der Nuklearwaffen. Er habe auch Schweitzer bewegt, sich in diesem Sinne zu engagie-

Albert Schweitzer füttert seine Ziegen und Katzen

ren. Dreimal hatte er, Schweitzer, nach Verleihung des Friedensnobelpreises an die Menschheit und deren Vernunft appelliert. Im April 1958 habe er über Radio Oslo die Atommächte aufgefordert, ihre Tests einzustellen und auf den Einsatz dieser Waffen generell zu verzichten. In einem zweiten Appell, den er ebenfalls über Rundfunk von Norwegen aus in die Welt sandte, stellte er sich hinter den Vorschlag des polnischen Außenministers Rapacki, in Zentraleuropa einen von Atomwaffen freien Korridor zu schaffen: Polen, die Tschechoslowakei, Ost- und Westdeutschland sollten von Atomwaffen der Sowjetunion und der USA geräumt werden. Und in einem dritten Rundfunkvortrag verlangte er die Einstellung des Wettrüstens.

Dort nannte er die Alternative. »Zur Zeit haben wir die Wahl zwischen zwei Risiken. Das eine besteht in der Fortsetzung des unsinnigen Wettrüstens in Atomwaffen und der damit gegebenen Gefahr eines unvermeidlichen und baldigen Atomkrieges, das andere in dem Verzicht auf Atomwaffen und in dem Hoffen, daß Amerika, die Sowjetunion und die mit ihnen in Verbindung stehenden Völker es fertigbringen werden, in Verträglichkeit und Frieden nebeneinander zu leben. Das erste enthält keine Möglichkeit einer gedeihlichen Zukunft. Das zweite tut es. Wir müssen das zweite wagen.«

Ich komme aus einem dieser mit der Sowjetunion »in Verbindung ste-

Der Weg zurück ins Zentrum des Camps

henden Völker«. Schweitzer will von mir wissen, wie ich die internationale Lage bewerte und welche Chancen ich dafür sähe, daß dieses unsinnige Wettrüsten beendet werden könnte.

Ich gebe mich optimistisch, auch wenn ich – bei aller Friedenssehnsucht, die ich jedem Volk auf der Welt zubillige – nicht übersähe, daß das wechselseitige Mißtrauen auf beiden Seiten eine eigene Dynamik entwickelt. Und daß die Möglichkeit, auf die jeweiligen Führungsmächte in den Bündnissen einzuwirken, sehr begrenzt sei. Diese verfolgten bei näherer Betrachtung stets auch nationale Großmacht-Interessen, bei denen sie sich nur ungern von anderen hineinreden ließen. Gleichwohl könne er versichert sein, daß das kleine Land, aus dem ich komme, seine Intentionen teile. Von deutschem Boden dürfe nur noch Frieden ausgehen, sage ich. Zweimal in diesem Jahrhundert haben Deutsche Weltkriege vom Zaun gebrochen, damit müsse Schluß sein.

Er nickt und langt nach einem Bogen, den er offenkundig für dieses Gespräch vorbereitet hat. Der Brief ist an den Deutschen Friedensrat gerichtet. Ich lese gerührt: »In der Einsamkeit Lambarénés habe ich mich schon vor dem ersten Krieg mit dem Problem des Friedens beschäftigt, indem ich an ›Kultur und Ethik‹ arbeitete. Nun stehe ich mit allen, die für den Frieden arbeiten wollen, in Verbindung. Wir werden es nicht leicht haben. Der Geist unserer Zeit ist weithin noch nicht mit der Idee des Friedens vertraut. Und mit den vorhandenen Nuklearwaffen ist die Möglichkeit des unerwarteten Ausbrechens eines die Existenz der Menschheit in Frage stellenden Krieges stündlich gegeben. Darum glaube ich, daß wir auch Gedanken über die Verwirklichung des Friedens aussprechen sollen, daß man sie erwäge und erprobe.«

Aber es sei schön und hoffnungsvoll, daß überall Gesellschaften für den Frieden entstünden. »Möge mir beschieden sein, daß ich noch etwas von der Verwirklichung des Friedens erleben darf.«

Er bemerkt meine innere Bewegung, kommentiert sie aber nicht. Ich denke: Eigentlich könntees ihm, dem 85jährigen, egal sein, was dort auf der Nordhalbkugel geschieht. Auch wenn ihm jeder noch viele Jahre wünscht, ist ihm bewußt, daß ihn der himmlische Herrscher irgendwann abberufen wird. Er muß sich in seinen letzten Lebensjahren nicht mehr mit den irdischen Herrschern anlegen, die Atomwaffen ober- und unterirdisch, im Wasser und in der Erdatmosphäre fortgesetzt »testen« und mit radioaktivem Staub die Erde verseuchen. Er ist in seinem Urwaldhospital am Äquator vergleichsweise sicher. Er könnte friedlich seinem medizinischen und seelsorgerischen

Tagwerk nachgehen und sich nicht darum kümmern, »wenn hinten, weit in der Türkei, die Völker aufeinanderschlagen«, wie es bei Goethe im »Faust« heißt.

Solche Ignoranz aber würde Schweitzers Credo widersprechen. Ehrfurcht vor dem Leben schließt das Leben *aller* ein.

Da ich inzwischen gemerkt hatte, daß Schweitzer kein Freund großer Zeremonien ist, in deren Mittelpunkt er steht, hatte ich davon Abstand genommen, in großem Kreis die Glückwunschschreiben und Geschenke zu überreichen, die ich im Gepäck habe. Dieses Gespräch in seinem Arbeitszimmer außerhalb des Lambaréné-Protokolls scheint mir ein geeigneter Rahmen. Ich ziehe die vielen Schreiben aus der Tasche und erzähle Geschichten zu einzelnen Präsenten, die bereits im Depot liegen.

Schweitzer gibt mir zu verstehen, daß es ihn freue, nicht vor der laufender Kamera Hans Krachts mit Geschenken überhäuft zu werden. Ein solcher Vorgang habe objektiv etwas Vereinnahmendes. Er möchte als unab-

Robert Havemann, Albert Schweitzer, Gerald Götting

hängig erscheinen und nicht politisch von dieser oder jenen Seite instrumentalisiert werden. Ich verstehe das. Gleichwohl ist seine Freude uneingeschränkt, als ich ihm vorlese, was Ostdeutsche ihm zum 85. Geburtstag geschrieben haben. Dann überreiche ich ihm die Friedensmedaille des Deutschen Friedensrates.

Albert Schweitzer, der Friedensnobelpreisträger, ist auffällig gerührt. Er betrachte es als eine besondere Gnade, daß er immer wieder Menschen fände, die ihn in seinem Werk unterstützten. Ich solle allen, die an ihn gedacht haben, herzlich danken.

Am Nachmittag folgen Havemann, Kracht und ich einer Einladung von Dr. Weißgerber. Der jüdische Arzt floh nach 1933 aus Deutschland. Mit seinem Boot fahren wir einige Stunden auf dem Ogowe spazieren. Er berichtet über das Leben der Afrikaner in diesem Gebiet, von den Plänen, ihre Lage zu verbessern, und vom Kampf gegen die tropischen Krankheiten. Erst spät kehren wir heim. Nach dem Abendessen machen wir noch einen kleinen Spaziergang. Die meisten Mitarbeiter haben bereits das Licht in ihren Zimmern gelöscht. Nur bei Schweitzer ist es noch hell.

Der Himmel über uns ist klar. Das Kreuz des Südens, ein für uns Europäer seltener Anblick, ist gut zu sehen. Es ist eine Tropennacht mit den ihr eigenen Geräuschen. Der Urwald lebt. Überall knarzt, quiekt, grunzt, raschelt es. Wir wanken, jeder mit einer Petroleumlampe in der Hand, auf dem Weg voran. Das Schwenken der Laternen vertreibe die Schlangen, hatte man uns gesagt. Die Luft ist unverändert warm, der Wind, der vom Ogowe heraufweht, erfrischt uns ein wenig.

Als wir zurückkehren, dringt Musik an unsere Ohren. Der Doktor sitzt am Harmonium und sucht im Spiel Entspannung.

Die nächsten beiden Abende gehören Robert Havemann. Der Professor von der Humboldt-Universität ist einer der Pioniere der Chemophysik und ein engagierter, nach meinem Eindruck zu linksradikalen Positionen neigender Friedensaktivist. Als er 1950 – damals noch Institutsdirektor der Kaiser-Wilhelm-Gesellschaft in Berlin-Dahlem – öffentlich gegen die Wasserstoffbombe der USA protestierte, wurde er zunächst inhaftiert und schließlich fristlos entlassen. Danach war der einst von den Nazis zum Tode verurteilte antifaschistische Widerstandskämpfer in den Ostteil Berlins übergesiedelt. Seither kenne ich ihn aus vielen Begegnungen, er ist eine Berühmtheit.

Daß wir uns besonders mögen, kann ich allerdings nicht behaupten. Wir gerieten einmal aneinander, als es um die Frage ging, wer bei uns studieren solle. »Die Erneuerung der Universität braucht junge Genossen und nicht

Zu dritt unterwegs im Urwald

Mitglieder anderer Parteien, schon gar nicht Mitglieder der CDU«, hatte er mir einmal ins Gesicht gesagt und zu verstehen gegeben, daß man sich besser nicht mit ihm anlegte. Auch wenn er meine Partei nicht mag, schätze ich dennoch seine unbefangene, geradezu jungenhafte Art zu argumentieren. Mich störte auch nicht, daß er immer das letzte Wort behalten will.

Prof. Robert Havemann ist von Schweitzer gebeten worden, einmal vorzutragen, wie man aus Sonnenlicht Energie gewinnen könne. Er macht das sehr gut und bietet den Hospitalmitarbeitern einen interessanten, lebhaften Exkurs seiner aktuellen Forschungen. Auch ich erfahre viel Neues.

Schweitzer, das wird deutlich, ist trotz seines hohen Alters unverändert an wissenschaftlich-technischen Entwicklungen interessiert. Und nicht nur daran. Anderentags soll Havemann über philosophische Aspekte des technischen Fortschritts sprechen. Schweitzer bittet ihn, seine Thesen schriftlich zu formulieren, damit er weiter darüber nachdenken könne.

Der Professor macht auch dies, er ist wirklich ein exzellenter Wissenschaftler und überzeugender Rhetoriker. Havemann fügt auch noch das Gedicht bei, das er am Ende seines Vortrages vorträgt. Ich notiere, als er rezitiert:

Wo die Sonne das ganze Jahr hoch über den Himmel zieht,

wo Palmen und Brotbäume den breiten Fluß säumen,
wo ein Stück der Erde ist, grünend in ewiger Schönheit,
bei Lambaréné ist es, eine Meile stromauf,
wo ein Mensch Frieden schuf für die Geschöpfe unserer Welt.
Willst du gut sein, so sei hilfreich,
willst du hilfreich sein, so sei fleißig,
willst du, daß dein Fleiß nütze,
so nütze auch die Kraft, die dir gegeben ward,
ein Mensch zu sein:
Nütze die Klugheit.
Geh an dein Werk mit Verstand und mit Umsicht.
Das ist die erste Lehre, die du von ihm erhältst.
Und so geht er mit dir,
ruhig und leichten Schritts,
doch kraftvoll wie seine Gedanken, die zu uns dringen:
Seht doch das Leben überall,
der Grashalm, der Fisch im Wasser,
der würdige Pelikan
und der Wurm, der sich quält,
dort die graziöse Palme, die leichtfüßige Antilope,
im Wald der knorrige Okumé und die schlanke Wasserliane,
droben im Wipfel der kluge Gorilla –
und auch du selbst,
nennst dich Mensch!
Was heißt es, ein Mensch zu sein?
Heißt es nur, die Gewalt der Natur zu bändigen,
ihre Schätze zu heben? Ja, vielleicht das auch.
Aber zerstöre nicht! Ordne, wenn du kannst.
Verwalte sie gut, die Schätze der Natur,
und bedenke:
Damit du dich wirklich Mensch nennen darfst,
mußt du eins haben: Ehrfurcht vor dem Leben!
Alle Kreatur ist unschuldig.
Nur du Mensch kannst dich mit Schuld beladen!
Wenn du aber immer das andere Leben achtest,
kannst du Unschuld gewinnen.
Nur so wirst du es schließlich lernen,
auch den Menschen zu achten.

Der Beifall im Rund ist kräftig und mehr als eine Geste der Höflichkeit. Der Doktor drückt ihm bewegt die Hand. Der Herr Kollege habe seine Absichten sehr genau getroffen, sagt Schweitzer, wir Menschen sind Teil der Natur und sollten uns davor hüten, sie zu bändigen. Auch wenn in der Heiligen Schrift stünde, der Mensch möge sich die Erde untertan machen, sei dies nicht in dem Sinne gemeint, sie auszubeuten und auszurauben und letztlich zu zerstören oder gar zu vernichten.

Bereits am ersten Tage unseres Aufenthaltes habe ich Mathilde Kottmann gebeten, uns einen Besuch in der evangelischen Mission zu ermöglichen. Fräulein Kottmann ist bereits seit 1924 in Lambaréné, wie sie mir sagt, und Schweitzers Sekretärin. Mehr noch: Sie ist, wenn man das Urwaldhospital als militärische Einheit betrachtet, deren Hauptfeldwebel. Sie ist die Mutter der Kompanie, die Seele der Einrichtung, Schweitzers linke und rechte Hand.

Die Luft scheint noch um einiges schwüler als an den Vortagen. Am Horizont ballen sich dunkle Wolken. Wir meinen, den Donner schon grollen zu hören, obgleich noch die Sonne auf unsere Tropenhelme mit ganzer Kraft scheint. Dennoch besteigen wir das Boot und legen ab. Die Mission liegt auf einem Hügel. Früher erreichte man sie zu Fuß, sagt Frau Kottmann. Inzwischen aber hat der Fluß den Weg weggespült. Wir legen nach wenigen Minuten an und steigen den Hügel hinauf. Von dort haben wir einen herrlichen Blick über den Strom und das Land dahinter.

Um die Kirche gruppieren sich einige Gebäude, an einigen wird noch gebaut. Hier werden Kinder und Erwachsene unterrichtet. Man zeigt uns das Internat. Alle Räume sind groß, sauber und luftig. Jedes Bett wird von einem Moskitonetz überspannt. Das alte Haus, in dem Albert Schweitzer mit seiner Frau die ersten Jahre in Afrika verbrachte, haben die Termiten völlig zernagt. Man plane jedoch, es wieder aufzubauen.

In der Ferne zucken bereits die Blitze, der Wind fährt in die Palmen. Die Ruderer unten im Boot rufen und drängen zur Eile. Wir stoßen ab, in schneller Fahrt schießt eine Piroge an uns vorbei. Vorn im Einbaum steht ein Mann, hinten rudert die Frau. Ein vielleicht zehn Jahre alter Junge liegt unter einer Decke. Sie kommen aus dem Hospital, das Kind hatte einen Malaria-Anfall, wie wir auf Zuruf hören. Jetzt wolle man schnell nach Hause.

In der Nacht geht das Gewitter nieder, es schüttet wie aus Kannen. Am Morgen dampft der Urwald. Doch die Temperaturen sind kein Grad niedriger als sonst.

Beim morgendlichen Gang durchs Gelände stoßen wir auf den Doktor. Wir begrüßen ihn, und wie wir so miteinander herumstehen, kommt eine Hühnerfamilie hinzu. Die Glucke pickt Schweitzer ans Hosenbein. Er macht eine abwehrende Handbewegung, doch das Huhn läßt nicht von ihm ab. Schließlich greift er in die Hosentasche und holt einen kleinen Beutel heraus. Ich ahne es: Er löst den Knoten und holt eine Handvoll Körner hervor. Gackernd stürzen sich das Huhn und die Küken aufs Futter.

Schweitzer lächelnd versonnen, ehe er sich uns wieder zuwendet.

Der Doktor verarztet nicht nur Menschen, wie wir inzwischen erfahren haben, sondern fühlt sich auch für Tiere zuständig. Mitunter trägt man ihm verletzte Hunde oder Antilopen in die Praxis. Auch sie werden versorgt. Gestern lief mir ein Hund mit verbundenem Kopf vor die Füße. Das Areal gleicht einem Tierpark, es gibt unzählige Katzen, Hunde, Antilopen, Ziegen. Die Lieblinge jedoch sind ein Schimpanse und ein Gorilla, die von den Schwestern mit einem Löffel gefüttert werden.

Schweitzers Ehrfurcht vor dem Leben schließt jegliche Kreatur mit ein.

Die Missionskirche

Nichts sei törichter als anzunehmen, das Tier empfände keine Schmerzen, sagte er. Aus diesem Grunde lehnt er Tierversuche ebenso ab und Tiertransporte über weite Strecken, wie sie inzwischen in Europa oder Amerika üblich sind. Gleichwohl: Der Doktor ist keineswegs weltfremd. Er weiß auch: »Alles Leben setzt sich auf Kosten anderen Lebens durch.« Das sei nun mal das harte Gesetz der Natur.

Er erzählt uns, um zu illustrieren, was er meine, die Geschichte von Parzifal, dem Pelikan, der uns ebenfalls schon begegnet ist. Man brachte das völlig erschöpfte Jungtier ins Hospital. »Wir standen vor der Wahl, ihn eingehen zu lassen – oder Fische zu fangen, also zu töten, damit er leben konnte.« Das habe ihn sehr bedrückt.

Donnerstag ist Markttag. Aus der näheren Umgebung kommen Händler mit allem, was hier benötigt wird: trockenes Feuerholz, Bananen, Maniok und andere tropische Früchte. Sie breiten alles auf dem Platz vor dem Doktorhaus aus. Die Schwestern, die für Verpflegung und Verwaltung zuständig

Fütterung der Haustiere durch eine Schwester

Wohnhaus der Ärzte

sind, begutachten die Waren kritisch, ehe sie kaufen. Wir schauen dabei zu und nehmen alles auf. Offenkundig hat sich die Versorgungslage gebessert.

Ich kenne die Klagen, die, keine anderthalb Jahrzehnte zurück, Schweitzer in die Welt sandte: »Hier wächst nichts Eßbares, das sich längere Zeit konservieren läßt. Die Natur bringt das ganze Jahr hindurch Bananen und Maniok hervor. Aber Bananen faulen sechs Tage, nachdem sie gepflückt sind, und das Maniokbrot zehn Tage, nachdem es bereitet ist.

Die Maniokwurzel als solche ist ungenießbar, da es giftige, Cyanidsäure enthaltende Arten derselben gibt. Um das Gift zu entfernen, legt man die Wurzel mehrere Tage lang in fließendes Wasser. Hat sie lange genug im Wasser gelegen, so wird sie zerrieben und macht eine Gärung durch. Es entsteht dann eine Art zähen, dunklen Teiges, der in Form von schmalen Stangen in Blätter eingewickelt und aufbewahrt wird. Diese Maniokstangen sind für den Europäer schwer zu genießen. Bekanntlich ist der Sago, den wir in Suppen essen, aus Maniok bereitet.«

Ich frage nach, wie es mit Obstbäumen aus Europa, mit Getreide, Kartoffeln oder Wein aussehe.

Schweitzer schüttelt den Kopf. Ab 1000 Meter Höhe sei dafür das Klima geeignet, hier, auf Meeresspiegelhöhe, nicht. »An europäischen Gemüsen können wir hier Bohnen, Salat, Tomaten, Kohl, Karotten, Kohlrabi, Rettiche und Rübchen anpflanzen, dies aber nur in der großen, kühlen Trockenzeit.

Bananen und Maniok auf dem Markt

Man kann hier also nur einen Garten, der täglich gegossen werden muß, haben. Für uns im Spital wird dieser Übelstand in der Hinsicht einigermaßen gemildert, daß der Garten am Ufer des Flusses liegt, was das Begießen erleichtert.«

Der Doktor bedauert unüberhörbar, daß keine Kartoffeln angebaut werden können. Hauptnahrungsmittel der Eingeborenen seien noch immer Mehlbananen, die man allerdings nur in gekochtem Zustand essen könne. Diese seien im übrigen viel nahrhafter als jene Bananen, die wir in Europa aus Lateinamerika bekämen.

Auch Elefanten würden die Mehlbananen gern verzehren. Das führe dazu, daß immer wieder die Pflanzungen von den Dickhäutern heimgesucht und dabei zerstört würden. Auch Zuckerrohr gedeihe prächtig, doch man dürfe es nicht in der Nähe des Dorfes anbauen, weil es die Gorillas anzöge. Mancherorts wachse auch Reis, doch da machten die riesigen Vogelschwärme den Bauern sehr zu schaffen.

Schweitzer berichtet von Zitronen, Orangen, Mandarinen, Pampelmusen, Avocados, Papayas, Goyaven und anderen exotischen Früchten, die ich nicht einmal dem Namen nach kenne. Er spricht über die Ölpalmen, die fast ohne Pflege wüchsen, und von Kokospalmen, die nur in der Nähe des Meeres gedeihen würden: Das feucht-tropische Klima bekomme ihnen nicht.

Marktangebote im Urwaldhospital

Wegen der Tsetse-Fliege könne man keine Kühe halten, und die Zucht von Ziegen sei nur bedingt möglich. »Bei Milch, Butter und Käse sind wir also, wie auch bei Mehl, Kartoffeln und Zwiebeln, auf die Einfuhr angewiesen.«

Dr. Schweitzer macht deutlich, daß er sich viel vom Soja-Anbau verspricht, mit dem man demnächst beginnen wolle. Das wäre ein großer Fortschritt für die Ernährung der hier lebenden Menschen. Durch den großen Eiweißgehalt könnte Soja das fehlende Fleisch und die fehlende Milch ersetzen. »Ich ließ für die Kranken Sojabohnen kommen und pflanzte auch davon mit gutem Erfolg zwei Jahre hintereinander. Die Eingeborenen aber lehnten das neue Nahrungsmittel ab. Mit der Zeit wird aber die so große Vorteile

Eine Schwester wiegt Maniokwurzeln für Hospitalinsassen

bietende Soja-Kultur sich auch hier durchsetzen«, gibt sich Schweitzer optimistisch.

Die größten Schwierigkeiten gibt es bei der Fleischversorgung. Bei den Afrikanern ist das Krokodilfleisch wegen seiner Schmackhaftigkeit als Delikatesse sehr beliebt. Man geht gern auf Jagd, die nicht ungefährlich ist. Mancher verlor dabei schon ein Bein oder einen Arm. Man treibt die Tiere in Buchten, Sümpfe oder ins Ufergestrüpp und versucht sie mit Pfeilen, Lanzen oder Buschmesser zu erlegen, hören wir.

Nicht minder geschätzt ist das Fleisch von Flußpferden. Es unterscheidet sich im Geschmack, wie ich selbst feststellen kann, kaum von Rindfleisch. Auch wenn sie weitaus weniger gefährlich erscheinen als die Krokodile, sind sie es nicht. Nur sehr erfahrene Jäger wagen den Kampf mit ihnen aufzunehmen.

»In der schwersten Not haben wir auch schon Affenfleisch versucht«, sagt Schweitzer. Aber das hat wegen seines süßen Geschmacks auch beim größten Hunger nur wenigen geschmeckt. Deshalb zog man bald die Fische aus dem Ogowe vor. »Ich selbst bevorzuge Früchte, die noch von der Sonne warm und soeben gepflückt sind. Es gibt nichts Köstlicheres«, kommentiert er unsere skeptischen Blicke.

Unser dritter Mann, Hans Kracht, ist von Albert Schweitzer zunächst mit Mißtrauen beäugt worden. Der DEFA-Dokumentarfilmer hat natürlich stets seine Kamera dabei, deshalb ist er ja auch mitgekommen. Der Urwalddoktor hatte nicht erst nach der Verleihung des Nobelpreises weltweite Neugier ausgelöst. Fortgesetzt fallen seither auch Gossips und Paparazzi in Lambaréné ein, die Schweitzers Offenheit und wohl auch seine Naivität in bezug auf den Boulevardjournalismus schamlos ausnutzen. Zunächst hoffte er noch, daß jeder Pressebeitrag helfen würde, Verständnis in der Ersten Welt für die Not in Afrika zu wecken. Daß also Berichte über die Situation im Urwaldhospital zu den notwendigen Spenden führen würden, um die Tätigkeit fortsetzen und ausweiten zu können. Doch er ist ein ums andere Mal enttäuscht worden. Oberflächliche Berichte, Halbwahrheiten und stark subjektiv gefärbte Reportagen bewirkten mitunter das Gegenteil. Die Klage eines verwöhnten Mitteleuropäers etwa über die schlechten sanitären Verhältnisse beleidigte nicht nur jene, die tagtäglich unter großen persönlichen Entbehrungen selbstlos hier arbeiteten. Die arrogante Sicht vermittelte zudem ein Bild, das nicht der Wirklichkeit entsprach.

»Einer dieser Leute«, sagt mir Schweitzer, »hatte in einer amerikanischen Zeitung geschrieben, daß er furchtbare Zustände vorgefunden habe. Die

Wände im Spital seien sogar mit Blut beschmiert gewesen. Dieser Dummkopf hatte nicht bemerkt, daß wir unsere Dächer gerade wieder einmal rot angestrichen hatten.«

Der Morgenwecker im Urwaldhospital: Eine Schwester schlägt mit einem Eisen gegen die Schiene

Hans Kracht, vorn mit Kamera, und Robert Havemann im Einbaum

Er erzählt mir das wohl auch, um seinen Argwohn gegenüber Krachts Kamera zu entschuldigen. Doch nach und nach gelingt es uns gemeinsam, ihn davon zu überzeugen, daß wir keinen Film *gegen*, sondern *für* das Hospital machen wollen. Wir wollen die Wahrheit über Lambaréné und seine engagierten Helfer verbreiten und darum einen Film drehen, der in Kirchgemeinden, in Betrieben, beim Landfilm und in Schulen gezeigt werden soll.

Ich ertappe mich dabei, als ich Schweitzers sanften Widerstand spüre, daß ich das mancherorts kolportierte Vorurteil, der Urwalddoktor sei ein skuriler Kauz und verhalte sich gegenüber dem Fortschritt skeptisch bis ablehnend, scheinbar bestätigt finde. Als Freunde ihm ein Motorboot schenkten, so wurde berichtet, hat er es bald wieder abgegeben. Angeblich, weil er nicht auf seine bewährte Rudermannschaft verzichten wollte. Und als während seiner Abwesenheit Elektrokabel in die Unterkünfte verlegt worden waren, ließ er nach seiner Rückkehr die Verbindungen wieder kappen. Nur im OP läßt er elektrischen Strom zu, der von einem Dieselaggregat erzeugt wird.

Ich räume ein, daß ich es als lästig empfinde, einige Hundert Meter weit in den Urwald laufen zu müssen, um dort ein Herzhäuschen aufzusuchen, vor dem bereits einige geduldig warten. Nicht zu reden von den beiden

Duschen. Dort hängen an Bäumen Eimer mit Löchern im Boden, in die man Wasser füllt. Mit einer Schnur, die über eine Rolle läuft, zieht man einen Deckel, der schließlich die Löcher freigibt. Das alles ist reichlich primitiv, und auch ich fragte mich zunächst, wieso sich Schweitzer ganz offenkundig gegen jede Bequemlichkeit sperrt.

Nach längerem Nachdenken glaube ich ihn zu verstehen. Schweitzer fürchtet, daß Lambaréné zu einem technisierten Großbetrieb werden könnte und damit jenen Geist verlöre, den die Einheimischen so schätzten. Warum mieden sie die modernen Krankenhäuser in Libreville? Die stehen oft leer, während sich hier die Patienten drängen, nachdem sie oft mehrere hundert Kilometer hinter sich gebracht haben. Schweitzer und seine Mitarbeiter bieten Menschlichkeit statt Gerätemedizin. In diesem Sinne ist Schweitzer ein konservativer Traditionalist.

Ich finde auch diesen Zug sympathisch und verschmerze das puritanische Dasein. Im Gegenteil: Ich möchte unseren Aufenthalt ausdehnen.

Unsere Visa gelten sechs Tage. Bei unserer Ankunft ist uns auf Nachfrage gesagt worden, wir könnten jederzeit verlängern. Also machen wir uns auf in die Stadt. Schweitzer bietet sich an, uns zu begleitet. Ich wehre ab. Er läßt sich nicht davon abbringen.

Dienstfahrt in die Distrikthauptstadt

Am nächsten Morgen besteigen wir ein grünes Boot. Acht kräftige junge Männer treiben das Gefährt mit ihren Paddeln über den Ogowe. Schweitzer plaudert. Er fahre nur noch etwa viermal im Jahr in die Distrikthauptstadt.

Die Fahrt vergeht wie im Fluge: Schweitzer ist ein angenehmer Unterhalter und hält viele Anekdoten parat. Wir legen an, steigen aus, er marschiert voran. Nicht mit greisenhaften Trippelschritten, sondern zügig, nur gebremst, wenn er von diesem oder jenem begrüßt wird. Fast jeder hier scheint den Doktor zu kennen.

In der französischen Dienststelle führt er das Wort. Es gibt überhaupt keine Probleme. Umgehend bekommen wir ein Papier ausgestellt, das uns den weiteren Aufenthalt gestattet.

Wie sich zeigt: Es wird so wenig nachgefragt und benötigt wie unsere Einreise-Visa. Aber Ordnung muß sein. Auch in Afrika.

Im Hotel, das der französischen Luftfahrtgesellschaft UAT gehört, nehmen wir einen Kaffee. Der Manager kommt mit rudernden Armen zu unserem Tisch und begrüßt uns mit überschäumender Herzlichkeit.

Schweitzer erkundigt sich, wie die Geschäfte laufen.

Bestens, sagt der Manager, er habe an die Touristen schon Holz für mindestens zehn Stühle verkauft.

»Die drei Inseln im Ogowefluß beim Dorf Igendja, 80 km flußabwärts von Lambaréné, die Erkenntnis aufging, daß die Ehrfurcht vor dem Leben das elementare Grundprinzip des Ethischen und der wahren Humanität ist. Herrn Gerald Götting mit besten Gedanken Albert Schweitzer.
Lambaréné 31.1.1960«

»Was für Stühle?«

»Nicht ganze Stühle, sondern Splitter von Stühlen, auf denen Sie, lieber Herr Doktor, einmal gesessen haben.«

Schweitzer blinzelt. »Das ist doch Betrug.«

»Lassen Sie doch den Leuten ihre Freude.«

»Und Ihnen das Geld, das Sie mit meinem Namen verdienen?«

»Nun gut, der Kaffee geht aufs Haus.«

Als wir dann doch zur Abreise rüsten, bittet uns der Doktor zu sich. Wir treffen ihn im Behandlungshaus an einem einfachen Schreibtisch. Kranke kommen und gehen. Zwei Ärzte untersuchen sie, die Schwestern geben die Medizin aus. Draußen warten noch viele, Mütter mit ihren Kindern an der Brust, Männer mit schrecklichen Geschwüren. Wir kennen das, es ist Alltag. Doch daran gewöhnen können wir uns so wenig wie das medizinische Personal.

Schweitzer begrüßt uns freundlich wie immer. Er trägt zwei weiße Ärmlinge aus Wolle. Der Grund liegt vor ihm auf der Schreibtischplatte. Es ist ein Foto, das offenbar den Ogowe zeigt. Er will mit der Feder etwas auf den weißen Rand schreiben. Die Ärmlinge sollen verhindern, daß der Schweiß, der allen – auch ihm – aus den Poren läuft, das Bild ruiniert. Die Hand mit der Stahlfeder gleitet schwer dahin, seit frühester Jugend ist sie in ihrer Beweglichkeit eingeschränkt. Doch trotz dieser Behinderung brachte er es zur Meisterschaft an der Orgel, schreibt er noch immer Dutzende Briefe täglich.

Wir drei sitzen auf niedrigen Schemeln und Kisten zu seinen Füßen und haben unsere Tropenhelme beiseite gelegt. Die Feder kratzt, wieder und wieder taucht er sie ins Tintenfaß. Seine Schrift ist klein, nahezu zierlich, von schlichter Eleganz und dennoch leicht zu lesen. »Die drei Inseln im Ogowefluß beim Dorf Igendja, 80 km flußabwärts von Lambaréné, (bei denen mir) die Erkenntnis aufging, daß die Ehrfurcht vor dem Leben das elemen-

Die Koffer sind bereits verladen

Albert Schweitzer legt selbst mit Hand an und schiebt das Boot ins Wasser

tare Grundprinzip des Ethischen und der wahren Humanität ist. Herrn Gerald Götting mit besten Gedanken Albert Schweitzer. Lambaréné31.1.1960«

Ich nehme gerührt das Foto entgegen.

»Das sollen Sie zur Erinnerung mitnehmen«, sagte er.

Von nebenan dringt geschäftiges Treiben aus dem Behandlunsgraum. Wir seien die ersten Ostdeutschen, die bei ihm gewesen wären. Er kenne nur Westdeutsche. »Ich bekomme aber so viele verschiedene Briefe aus eurem Land«, sagt er und wechselt ins vertrauliche *Du.* »Es ist für mich sehr schwierig, ein richtiges Bild zu gewinnen«, meint Schweitzer und verweist auf die deutsche Teilung. »Umso dankbar bin ich, daß ich auch einmal die Stimme jenes anderen Deutschland vernehmen kann.«

»Wir sind es, die zu danken haben«, entgegne ich.

»Wofür?«

»Daß wir Sie kennenlernen durften.«

Der »Hafen« in der Distrikthauptstadt Lambaréné mit Fähre

Er winkt ab und greift nach einigen Briefumschlägen, die ich mit nach Berlin nehmen soll. Das eine Schreiben ist an Ministerpräsident Otto Grotewohl gerichtet, das zweite an den Präsidenten des Deutschen Kulturbundes und ein weiteres an den Deutschen Friedensrat. Der vierte Brief ist für das Präsidium der CDU bestimmt.

Am nächsten Tag, unserem letzten, kommt Albert Schweitzer nach dem Frühstück in unser Zimmer. Die Koffer sind gepackt und bereits in das Boot verladen, das auf uns am Ufer wartet. Wehmut beginnt sich in uns auszubreiten.

Ein letzter Blick schweift über unser zeitweiliges Zuhause, das wir nun verlassen werden, um anderen Gästen Platz zu machen. Der Doktor sagt, er wolle uns noch bis zum Boot begleiten.

Wir gehen schweigend nebeneinander. Bevor ich einsteige, reicht er mir einen Beutel Bananen.

Als Wegzehrung, sagt er.

Einige seiner Mitarbeiter sind erschienen. Auch sie schütteln uns die Hand.

Wir sollen ihn bald wieder einmal besuchen kommen, sagt der Doktor zum Abschied.

Ich nicke. »Vielleicht schon nächstes Jahr.«

Robert Havemann sagt: »Sie werden noch von mir hören.« Wie meint er das?

Das Boot legt ab und gewinnt rasch Fahrt. Am Ufer steht im weißen Anzug Albert Schweitzer. Er winkt mit dem Tropenhelm. So lange, bis er unseren Blicken entschwunden ist.

Ja, im Sommer 1961 werde ich vermutlich wieder hiersein.

Das macht mir der Abschied ein wenig leichter.

Zweite Reise nach Lambaréné. Aus Gerald Göttings Tagebuch

Aus Anlaß der 250-Jahr-Feier der Berliner Charité war Schweitzer die Ehrendoktorwürde der Humboldt-Universität, zu der diese Einrichtung gehört, verliehen worden. Ich wollte ihm die Nachricht und zugehörigen Dokumente persönlich überbringen. Wir korrespondierten in dieser Sache miteinander, und Schweitzer zeigte sich damit einverstanden, daß ich noch Prof. Dr . Louis-Heinz Kettler von der HUB und Franz Jahsnowski, einen Dolmetscher aus der Protokollabteilung des Außenministeriums, mitbringen würde.
Eigentlich hatte ich bereits zum 85. Geburtstag diese Ehrung vornehmen wollen. Deshalb schrieb ich am 18. Dezember 1959 an den Staatssekretär für das Hoch- und Fachschulwesen, ob die Möglichkeit bestünde, daß eine theologische, medizinische, philosophische oder naturwissenschaftliche Fakultät einer Universität »trotz des bevorstehenden Weihnachtsfestes« einen Beschluß über die Verleihung der Ehrendoktorwürde an Albert Schweitzer fassen könne.
Da Dr. Wilhelm Girnus nicht reagierte, brachte ich mich und meinen Antrag unmittelbar nach meiner Rückkehr aus Lambaréné in Erinnerung. Ich informierte am 19. Februar 1960 den Staatssekretär, daß Havemann und ich bei Schweitzer angefragt und positive Antwort erhalten hätten. »Professor Dr. Schweitzer betonte, daß es für ihn eine hohe Auszeichnung wäre, von einer Universität der Deutschen Demokratischen Republik die Ehrendoktorwürde zu erhalten. Was aber die Reise nach Europa anbetrifft, so habe er jetzt alle Einladungen abgelehnt, weil er mit seinen 85 Jahren doch nicht mehr die Strapazen einer Reise auf sich nehmen wollte. Seine Absicht sei, Afrika nun nicht mehr zu verlassen und sein Werk dort zu vollenden.«
Girnus reagierte umgehend und ließ seinen Referenten bereits am 4. März dem Dekan der Medizinischen Fakultät der Humboldt-Universität zu Berlin dieses Ansinnen vortragen. »Der Herr Staatssekretär ist nunmehr der Meinung, daß es angebracht wäre, daß Sie, hochverehrter Herr Professor, eventuell in Begleitung eines Ihrer Kollegen, nach Lambaréné fliegen würden, um Herrn Prof. Dr. Albert Schweitzer die Ehrendoktorwürde zu überreichen.
Der Herr Staatssekretär würde es begrüßen, wenn Sie ihm Ihre konkreten Vorstellungen zu dem Ablauf der Reise und dem Verlauf der feierlichen Übergabe mitteilen würden. Mit vorzüglicher Hochachtung, gez. Grobelin.«

Drei Tage später unterrichtete mich derselbe, daß er »auf Grund unserer telefonischen Rücksprache vom 29.2.1960 bezüglich der Überreichung der Ehrendoktorwürde für Herrn Prof. Dr. Albert Schweitzer« Herrn Prof. Dr. Kettler entsprechend Mitteilung gemacht habe.

Wir stellten, nachdem das alles soweit geklärt war, offiziell einen Einreiseantrag bei der Regierung Gabuns, der von Schweitzer bestätigt wurde. Ich bekam sodann vom Sekretär des Staatspräsidenten Léon M'ba Nachricht, daß unserem Ansinnen stattgegeben und in Paris bei der Vertretung Gabuns die Visa abzuholen wären.

In der Folgezeit wurden Mitarbeiter unserer Handeslvertretung wiederholt dort vorstellig, mußten jedoch stets mit leeren Händen umkehren.

Der Grund wurde erst später publik: Staatschef M'ba stand innenpolitisch unter Druck. Er hatte darum den Ausnahmezustand verhängt und Wahlen abhalten lassen. Auf der Liste der Vorhaltungen, die an M'ba und dessen Partei gerichtet worden waren, stand auch mein Besuch bei Schweitzer in Lambaréné. M'ba wollte nun nicht noch Öl ins Feuer schütten und nach seinem Wahlsieg erst die Macht stabilisieren, ehe er uns neuerlich ins Land ließ. Dies mochte man aber nicht so sagen, und deshalb liefen alle Nachfragen ins Leere.

Ich teilte Schweitzer in einigen Briefen die mir unerklärlichen Schwierigkeiten mit. Er bedauere sie, ließ er mich wissen, aber er könne auch nicht helfen.

Für mich schien die Sache fast schon erledigt.

Am 25. Mai 1961, ich besuchte gerade in Dresden den Zoo, der 100 Jahre alt geworden war, erhielt ich ein Telegramm aus Berlin. Die Vertretung Gabuns in

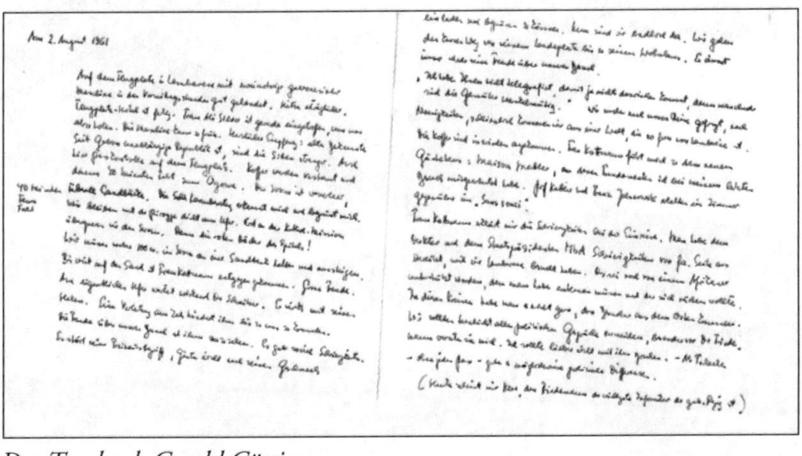
Am 2. August 1961

Das Tagebuch Gerald Göttings

Paris habe signalisiert, daß die Einreisepapiere vorlägen. Allerdings seien die Visa auf 14 Tage beschränkt.
Nachfolgend Auszüge aus dem Tagebuch, das ich seinerzeit führte. Die handschriftlichen Notizen sind in Ermangelung von Zeit zumeist nur stichpunktartig, geben aber m. E. das meiste verständlich wieder.

Mittwoch, 2. August

Auf dem kleinen Flugplatz in Lambaréné mit einer zweimotorigen gabonesischen Maschine in den Vormittagsstunden gut gelandet. Hitze erträglich. Flugplatz-Hotel ist fertig. Frau Ali Silver ist gerade eingetroffen, um uns abzuholen. Die Maschine kam zu früh. Herzlicher Empfang: alte Bekannte.

Seit Gabun unabhängige Republik ist (seit dem 17. August 1960), sind die Sitten strenger. Auch hier Paßkontrolle auf dem Flugplatz. Koffer werden verstaut und dann 40 Minuten Fahrt zum Ogowe.

Der Strom ist wasserleer, überall Sandbänke. Die alte Kanubesatzung erkennt und begrüßt mich. Wir bleiben mit der Piroge dicht am Ufer. Erst bei der katholischen Mission überqueren wir den Strom. Dann die roten Dächer des Spitals.

Wir müssen mehr als 100 Meter vor dem »Hafen« des Spitals auf einer Sandbank halten und aussteigen.

Das neue Gästehaus »Sanssouci«

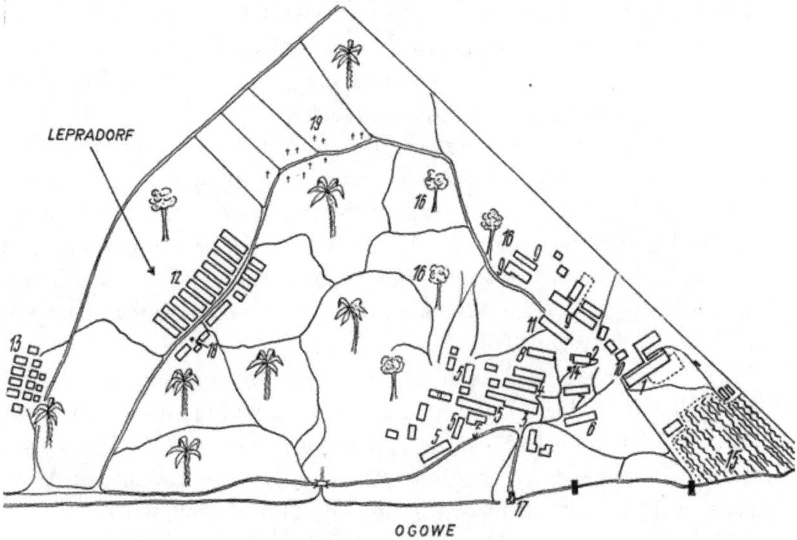

Lageplan des Urwaldhospitals Lambaréné: 1 Wohnhaus Albert Schweitzers und einiger Mitarbeiter; 2 Eß- und Aufenthaltsraum der nichtafrikanischen Mitarbeiter; 3 Behandlungs- und Operationsräume; 4 Haus für Operierte; 5 Häuser für die Patienten; 6 Gebäude für nichtafrikanische Patienten; 7 Wohngebäude der nichtafrikanischen Mitarbeiter; 8 Sanssouci; 9 Wirtschaftsgebäude; 10 Küche; 11 Bootsschuppen und Stromaggregat; 12 neues Lepradorf; 13 altes Lepradorf; 14 Glocke; 15 Gemüsegarten; 16 Obstgarten; 17 Anlegestelle der Boote; 18 Friedensglocke aus der DDR; 19 Friedhof

Mathilde Kottmann läuft auf uns zu. Große herzliche Freude. Am eigentlichen Ufer wartet Albert Schweitzer. Er winkt mit seinem Helm. Eine Verletzung am Zeh hindert ihn, uns entgegenzukommen.

Die Freude über unseren Besuch ist ihm anzusehen. Es gab soviel Schwierigkeiten. Es stört seinen Freiheitsbegriff, Gäste nicht nach seinem Geschmack einladen und begrüßen zu können. Nun sind wir endlich da. Wir gehen den kurzen Weg vom Landungsplatz bis zu seinem Wohnhaus. Er äußert immer wieder seine Freude über unseren Besuch. »Ich habe Ihnen nicht telegrafiert, damit ja nichts dazwischen kommt, denn manchmal sind die Gemüter wankelmütig.«

Wir werden nach unserer Reise befragt, nach Neuigkeiten. Schließlich kommen wir aus einer Welt, die so fern von Lambaréné ist.

Die Koffer sind inzwischen ausgeladen. Mathilde Kottmann führt mich zu dem neuen Gästehaus, an dessen Fundamenten ich bei meinem letzten Besuch mitgearbeitet hatte. Prof. Louis-Heinz Kettler und Franz Jahsnowski erhalten ein Zimmer gegenüber im »Sanssouci«.

Mathilde Kottmann erläutert mir die Probleme bei der Einreise. Man habe dem Doktor und dem Staatspräsidenten M'ba Schwierigkeiten von französischer Seite aus bereitet, weil wir in Lambaréné waren. Das sei von einem Afrikaner betrieben worden, den man habe entlassen müssen und der sich auf diese Weise rächen wollte. In einigen Kreisen sehe man es nicht so gern, daß Besucher aus dem Osten kommen. Wir sollten tunlichst alle politischen Gespräche vermeiden.

Sie erkundigt sich nach verschiedenen Leuten, auch nach der Lage in Rumänien. Ich erzähle ihr von meiner Reise nach Ungarn, wo ich großes Interesse für Albert Schweitzer gefunden habe. Sie bestätigt das, weil sie Briefe aus Ungarn erhalten habe, die voller Freude seien. Anschließend kündigt sie eine Reihe offener Fragen an, die sie mit mir klären wolle.

Wir besuchen noch am Vormittag den Doktor in seinem Arbeitsraum. Er geht mit uns zum Sandschippen am Fluß und will die Arbeit beaufsichtigen.

Allgemeines Gespräch über den Urwald, der nicht brenne, die toten Bäume, die bei schweren Gewittern die Blitze ableiteten, die neuen Beamten:

Schweitzer hat immer ein Beutelchen Hühnerfutter dabei

Afrikaner, die die Franzosen ablösen und noch unbeholfen sind. Dann spricht er von seinen Plänen: eine Brücke für seinen Lastwagen über einen kleinen Zufluß zum Ogowe, damit die Straße auch bei Hochwasser passierbar ist.

Schließlich kommt er auf die Kritik einiger Journalisten an seinem Hospital zu sprechen. Er hätte für die Schwarzen keine Toiletten gebaut! Aber es gehe wunderbar nach alter Tradition. Der kleine Wald zwischen dem Fluß und dem Weg zur Mission diene diesen Zwecken seit jeher. Nach einer Stunde habe die Sonne bereits so eingewirkt, daß keine Gefahr der Ansteckung etc. mehr bestünde.

Er verabschiedet uns zum Lepradorf. Ich zeige meinen Begleitern die Umgebung und erkläre ihnen die Gebräuche.

Im Lepradorf hat sich manches verändert. Vor allem fällt die Glocke auf, ein Geschenk aus Morgenröthe im sächsischen Vogtland. Dort werden seit dem vorigen Jahrhundert Glocken gegossen, die größten, 8,5 Tonnen schwer, hängen in Riga. Diese hier ist ein wenig kleiner, hängt in einem schönen Holzgestell und ist, wie ich bald merke, der besondere Stolz der Leprösen. Natürlich wissen sie nicht, wo Ostdeutschland liegt. Daß wir aber von dort kommen, woher die Glocke stammt, erhöht sofort unser Ansehen. Sie sind also nicht zu gering, um von fernen weißen Menschen wahrgenommen zu werden, heißt es. Das tut ihnen, die sonst immer nur als Aussätzige gemieden werden, sichtlich wohl.

Auf der »Avenue Vigne« kehren wir zu unseren Quartieren zurück. Vigne ist ein alter Franzose, der Schwierigkeiten hatte. Genaues weiß man nicht, und der nun schon seit Jahren bei Schweitzer ist und ihm bei der Beaufsichtigung der praktischen Arbeit hilft.

Beim Mittagstisch sehe ich viele neue Gesichter unter den Mitarbeitern. Sie wechseln oft und halten den strengen Dienst nicht lange aus.

Besonders interessant ist die Tochter Rhena mit ihren beiden Töchtern, den Enkelinnen Schweitzers, die ebenfalls zu Gast sind.

Frau Rhena Eckert ist sehr freundlich zu uns. Wir haben ein gutes Gespräch, worin sie auch Humorvolles einfließen läßt. Außerdem ist Frau Martin anwesend, eine verwitwete Pfarrfrau, die Schweitzers Büro in Günsbach leitet. *(In dem elsässischen Dorf ist der Pfarrerssohn aufgewachsen, er weilte dort bis zum Tod des Vaters 1925 regelmäßig.)* Sie ist eine ältere Dame, die wohlwollend alles, was Schweitzer tut, unterstützt und sich ihrer Bedeutung voll bewußt ist.

Es gibt als erste Mahlzeit am Tisch Dr. Schweitzers Avocados, von denen

Schweitzer meint, daß sie gegen Arterienverkalkung gut seien, geteilte Pampelmusen, Suppe, grünen, etwas herben Salat, Rührei, gebackene Kartoffeln und Brot. Natürlich kann man kühles Wasser mit dem Saft der sehr kleinen grünen Zitronen trinken. Ein leichtes und bekömmliches Essen.

Die Temperaturen sind erträglich – ganz im Unterschied zu meiner Erinnerung an die erste Reise.

Nach dem Essen mit dem Doktor zu den Katzen, Affen, Antilopen, und schließlich werden die Hühner gefüttert.

Dann wird die obligatorische Mittagsruhe gehalten.

Nachmittags um 2 Uhr Arbeitseinteilung. Nach wie vor gibt es eine eigene Lambaréné-Zeit, die bei der Abfahrt beachtet werden muß.

Zusammen mit Dr. Munz und Dr. Schweitzer zum Hospital. Dr. Walter Munz aus der Schweiz führt uns durch die Räume und zeigt die Entwicklung. Anschließend Gespräch mit Dr. Schweitzer an seinem Arbeitsplatz über die Parteien in der DDR, über den Staatsrat, meine Stellung, die Zusammenarbeit, die Arbeit an den Universitäten etc.

»Wie ist die Perspektive der Christen?« Das ist eine Frage, bei der er eigentlich nach zwei Seiten horchen will: Wie ist das mit der Zusammenarbeit mit den Marxisten, und wie wird die Vergangenheit der Kirchen aufgearbeitet? Auch diesmal schüttelt er nur den Kopf, als er über Dibelius und dessen neues Buch spricht. *(Bischof Otto Dibelius studierte wie Schweitzer bei Adolf von Harnack in Berlin. 1933 begrüßte er den Machtantritt der Nazis, danach ging er auf Distanz und schloß sich der Bekennenden Kirche an. Als CDU-Mitglied [seit 1946] wurde er wiederholt zum Vorsitzenden des Rates der Evangelischen Kirche in Deutschland gewählt und, was ihm massive Kritik nicht nur aus Kirchenkreisen eintrug, zum Initiator des umstrittenen Militärseelsorgevertrages mit der Bundesregierung 1956.)*

Schweitzer ist sehr angetan von Ungarn und läßt sich ausführlich berichten; Richard Friedmann, der den ungarischen *Kirchlichen Dienst* erhält, hatte ihm schon berichtet. Doch er hat noch verschiedene Fragen zur Zusammenarbeit der Kirchen.

Ausführlich erzähle ich ihm über das Gespräch zwischen Ulbricht und Fuchs. *(Emil Fuchs, Pazifist und emeritierter Theologieprofessor, seit 1955 Herausgeber von »Glaube und Gewissen«, hatte am 9. Februar 1961 mit dem Staatsratsvorsitzenden über den Status von Christen in der DDR diskutiert. Einer seiner Söhne, Klaus Fuchs, war an der Entwicklung der amerikanischen Atombombe maßgeblich beteiligt gewesen und verriet aus Gewissensgründen die Baupläne an die Sowjetunion, weshalb er 1950 als Spion zu 14 Jahren Haft verurteilt worden war. 1959 begnadigte man ihn, seither lebt er in der*

DDR.) Ich übergebe Schweitzer einen Text, den er zu lesen beginnt und Unterstreichungen macht. Er scheint von dem Ergebnis sehr befriedigt zu sein. »Das sieht ganz anders aus, als ich in westdeutschen Zeitungen lese.«

Dann große internationale Fragen. Er habe großes Vertrauen zu Chruschtschow. Vor allem beeindruckt von der Pariser Rede nach dem Scheitern der Gipfelkonferenz, wo Chruschtschow gesagt hat: Häuser, Städte und alle Sachen kann man zerstören und – wenn auch über lange Zeit – wieder aufbauen, aber die Menschen bleiben tot.

Schweitzers Arbeits- und Schlafraum

Strauß kann man nicht trauen.

Aber ein Friedensvertrag mit Deutschland käme seiner Meinung nach nicht so bald, da die Westmächte ihn nicht wollten.

Er fragte nach meiner Meinung über Kennedy.

Natürlich besser als Dulles – aber vielleicht doch gefährlicher, weil er seine Pläne geschmeidiger entwickele. Schweitzer meint, weil er planlos sei, nicht recht wisse, wie er die Probleme anpacken solle, und jeden Tag Überraschungen eintreten könnten, von deren Ausmaßen Kennedy keine Vorstellungen habe. Je unklarer, umso unsicherer sei die ganze Sache. Er glaube aber nicht, daß es wegen Deutschland oder Berlin Krieg gäbe, dafür hätten die USA zu weitreichende Pläne in Afrika und Asien. »Krieg wegen Berlin gibt es nicht, obgleich die Amerikaner nicht wissen, was Krieg bedeutet.« Trotzdem hoffe er mit seinen amerikanischen Freunden, einen mäßigenden Einfluß auf die amerikanische Administration nehmen zu können.

Die Prager Friedenskonferenz: bekannt.

Hromadka bekannt, es hat einen Briefaustausch gegeben. *(Josef L. Hromadka, ein böhmischer Theologe, lehrte während seiner Emigration Christliche Ethik in Princeton und kehrte 1947 nach Prag zurück. Er leitete seit 1958 als Präsident die Christliche Friedenskonferenz und versuchte mit aller Kraft, die Kirche von blindem Antikommunismus abzubringen. Inzwischen gilt der 1969 verstorbene Hromadka – trotz seiner kritischen Distanz zur CSR – als ein bedeutender theologischer Interpret des Marxismus, Sozialismus und Kommunismus.)*

Gewisses Mißtrauen gegenüber Karl Barth, dem Begründer der dialektischen Theologie, vor allem aus theologischen Gründen, er unterschätze die Ethik, die das Christentum vor jeder Dogmatik auszeichne. Aber in der Sache des Friedens braucht man alle Bundesgenossen.

Schweitzer beginnt Algerienproblem.

Das Recht sei in dieser Sache auf Seiten der Franzosen, die unendlich viel in Algerien investiert hätten und sich vor Verlusten sichern müßten.

Ich operiere sehr vorsichtig: Das wäre längst mehrfach aufgewogen durch die hohen Profite. Schließlich seien die Einwohner des Landes Algerier und nicht Franzosen, die mit sehr deutlichen Absichten nach Nordafrika gekommen seien. Das läßt er nicht gelten. Was wäre aus Afrika ohne die Europäer geworden? »Sie hätten sich aufgefressen oder totgeschlagen!«

Demgegenüber zitiere ich Westermann und Frobenius, die Ethnologen. Es hilft nichts. Schließlich sei er 50 Jahre im Urwald und wolle sich nicht in seinen Erfahrungen korrigieren lassen.

Das Gefährlichste sei der Nationalismus. Man kenne das von Europa, und nun beginne das auch in Afrika. Er sei die Quelle ständiger unübersehbarer Gefahren. Wenn erst die afrikanischen Staaten Armeen haben, dann müsse man mit dem Schlimmsten rechnen.

Er sei kein Prophet, die hätten immer zu leiden gehabt.

Kriege: Afrika könnte den Kolonialismus an Grausamkeit erreichen.

Was wäre das schon für eine Nationalität: Gabonaise? So viele Stämme, die uneins seien.

Ich falle ihm ins Wort. Bayern und Preußen waren auch nicht immer Freunde im Deutschen Reich. Und trotzdem.

Er winkt ab. Jetzt haben wir hier zwei Polizeistreitkräfte. Das kostet viel Geld. Da sie gegeneinander stehen (Franzosen und Gabonesen), haben wir so gut wie überhaupt keine Polizei mehr.

Über dieses Gespräch ist die Zeit vergangen.

Beim Abendessen erbittet sich Schweitzer von mir Informationen über den Kirchentag.

Ich sage ihm, daß wir Leipzig als Tagungsort angeboten hätten, Scharf es aber abgelehnt habe, weil keine Einreise für Dibelius und seinen Stellvertreter Lilje gegeben werden könne.

Donnerstag, 3. August 1961

Die Nacht in dem neuen Gästehaus war herrlich. So kühl und angenehm, wie ich es mir niemals am Äquator vorgestellt hätte. Nach dem unvermeidlichen Weg nach Hinterindien und dem nassen Rasieren (natürlich mit kaltem Wasser) Frühstück.

Schweitzer bester Laune. Gesprächsthemen: Die Afrikaner sagten jetzt schon öfter: Die armen Kranken leiden an ihrer Krankheit und müssen noch einmal leiden an der Arbeit, die der Doktor von ihnen verlangt.

Über die Pygmäen. Im Hospital läuft eine Pygmäenfrau unbekleidet herum. Niemand versteht sie, ihre Töne sind wie Zirpen, nachts schläft sie im Walde auf einer Palme, weil sie wahrscheinlich Angst hat oder es so gewohnt ist. Sie ist schon mehrere Jahre im Spital, Schweitzer hält sie für geisteskrank. Sie nimmt kein Essen an – aus Furcht, es könnte vergiftet sein. Käfer, Heuschrecken und Kräuter findet sie schmackhaft.

Ich muß gestehen, daß ich jedesmal bei ihrem Anblick ein entsetzliches Gefühl habe. Steinzeitmensch? Schweitzer sagt, daß die Pygmäen sehr begabt seien. Sie würden von den Schwarzen gehaßt und allzuoft getötet, wenn sie gefaßt würden. Ihre Gebiete liegen dem Kongo zu. Selten verließen sie den Urwald. Im Grunde weiß man noch sehr wenig von ihnen.

Weiteres Thema: Elefanten vermehren sich außerordentlich stark, da keine gemeinsamen Jagden vom Dorf mehr unternommen werden. Bei der Bewaffnung der Einheimischen sei ein einzelner aussichtslos. Die Ele-

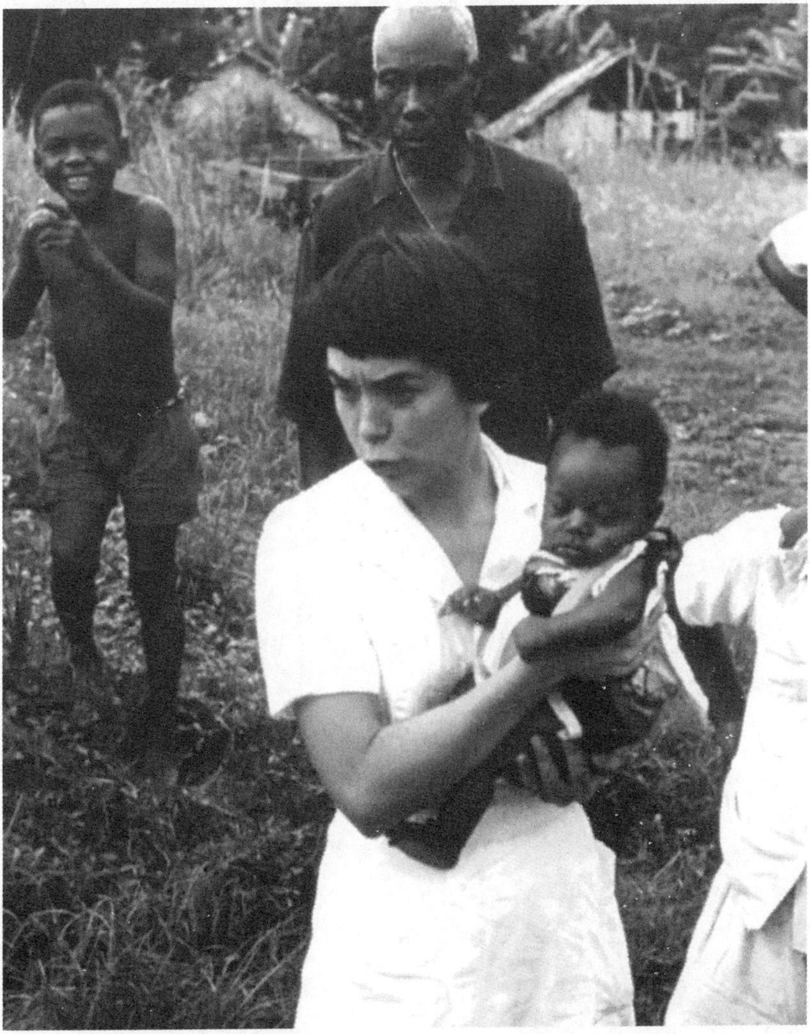

Schwester mit einem kranken Kleinkind

fanten bedrohten die Bananenernte. Die »wilden Tiere« vermehrten sich – nach Schweitzers Meinung –, weil der Wald zuwächst. Die Einwohner aus dem Busch ziehen an die Straßen und Städte, roden nichts mehr und verlassen ihre Dörfer immer häufiger. Interessant: Im afrikanischen Dorf zerfällt die gemeinsame Verantwortung mit den neuen westlichen Ordnungsbegriffen, die bei den unabhängigen Staaten stärker als in der Kolonialzeit Gewicht erhalten. »Der Individualismus zieht ins afrikanische Dorf ein!«, d. h. der Egoismus zerstört gemeinsame Anstrengungen für das gemeinschaftliche Interesse, sagt Schweitzer.

Auf dem Marktplatz werde ich plötzlich von einem Truthahn hart angegriffen und muß – bei aller Vorsicht Tieren gegenüber – mich energisch wehren. Schweitzer liebt das nicht, kritisiert mich: »Der Truthahn und Sie haben die gleiche Wahnvorstellung: Ihr denkt, ihr seid die Herren hier, die

1961 gießt Jürgen von Woyski (1929-2000) aus Hoyerswerda diese Bronzestatuette. Sie ist 45 cm hoch. Der Bildhauer arbeitete nach einer Fotografie (nachzulesen unter www.juergen-von-woyski-stiftung.de)

zu bestimmen haben.« Das Tier stamme von einem französischen Holzhändler, der ihn als Bezahlung hierließ. Ein aggressiver Bursche. (Während unseres gesamten Aufenthaltes besteht zwischen uns Kriegszustand. Ein frecher Hahn. Wenn Schweitzer nicht dabei ist, verschaffe ich mir nachdrücklich Respekt, aber in Schweitzers Gegenwart rächt er sich sofort und fliegt mir von hinten auf die Schultern.)

Nach dem Frühstück werden die »Feierlichkeiten« zur Übergabe der Urkunde des Ehrendoktors in seinem Arbeitszimmer besprochen. Die Übergabe sollte öffentlich sein, nur die übrigen Schreiben werden am Abend abgegeben. Das bezieht sich auf verschiedene Grüße und vor allem auf ein Schreiben des Vorsitzenden des Staatsrats Walter Ulbricht.

Das Gespräch endet mit Erinnerungen an das Berlin von 1900. Es seien sehr liebe Erinnerungen. In dieser Zeit habe sein Leben tiefe Eindrücke und Anregungen erfahren. Er erinnert sich verschiedener bekannter Professoren wie Harnack etc. Vor allem weist er mit Nachdruck auf seine korrespondierende Mitgliedschaft in der Akademie der Wissenschaften zu Berlin hin. Deutlich höre ich seinen Wunsch heraus, daß er am liebsten »Ordentliches Mitglied« geworden wäre. Das hätte seinem Werben für die Ehrfurcht vor dem Leben mehr Nachdruck verliehen.

Bevor ich mich zu Mathilde Kottmann begebe, zeige ich ihm mein Buch »Begegnung mit Albert Schweitzer«. Zunächst sind er und später auch Kottmann entzückt, aber ich weiß nicht, wie sie in ein paar Tagen darüber denken, wenn sie es gelesen haben. Sicherlich wird das an diesem Tage noch geschehen – das ist gewiß.

Die »Ostzone« hat doch einen Zauber, der sich nur schwer beschreiben läßt. Man hält das Schlimmste für normal oder möglich und ist jedesmal erstaunt, etwas Besseres zu hören. Das Gespräch mit Fräulein Kottmann dient der behutsamen Aufklärung. K. ist ihrem Herkommen nach gegen Sozialismus und alles Neue. Das ist nicht weiter schlimm. Aber sie hat ein Schema, nach dem der Westen nicht gerade gut, aber doch Lichtblicke wie Lambaréné hat – der Osten aber nur Mitleid wegen seines Dunkels verdient. Ob ich ein »Lichtblick« sein kann, wolle sie nun wieder einmal prüfen.

Das Gespräch vielseitig, aber ein weites Feld. Die Themen:

Die CSR z. B. liefert den afrikanischen Rebellen Waffen, die zu Bürgerkrieg führen. Waffen im Kongo, Kamerun, Brazzaville etc. – alles aus dem Osten. Was hat der Osten hier zu suchen?

Gegenfrage: Was sucht der Westen? Man habe schon genug Schwierigkeiten mit dem Kolonialismus.

Es gäbe bei uns nicht genug zu essen, »die Ostzone hungert«. Solche Briefe scheint sie wirklich zu bekommen. Es ist die Bettelei von denen, die aus fremdem Mitleid Gewinn zu ziehen hoffen. Das ist auch der Grund, weshalb Schweitzer zunächst von uns keine Spenden haben will. »Ich nehme das euch nur weg.« Ich bemühe mich sehr, das zu klären. Aber mein Beispiel ist in meiner Funktion natürlich nicht viel wert.

Komplizierter ist das Problem: Warum laufen so viele aus der Ostzone weg? Am wirksamsten scheint mir der Hinweis auf die französische Revolution bzw. Oktoberrevolution. Revolutionen bringen Schwierigkeiten, aber von ihrem Wesen her waren beide die Ouvertüre für eine neue Zeit. Nicht diejenigen, die davongelaufen sind, bestimmten die Zukunft, sondern diejenigen, die in ihrem Vaterland gearbeitet haben.

Natürlich bleibt sie skeptisch.

Dann kommt sie noch einmal auf die »Hilferufe« aus unserer Republik zu sprechen, findet aber keine bzw. will vielleicht keine Absender nennen. Ich mache mich erbötig, nach besten Kräften jenen zu helfen. Das Gespräch in ihrem Zimmer ist heftig, wie ich es schon lange nicht mehr erlebt habe.

»Helfen sei das Schönste«, sage ich, und biete ihr meine Hilfe an. Sie kündigt an, während meines Aufenthaltes mir solche Problemfälle vorzulegen bzw. mitzugeben. Sie findet einige, die alle schnell zu lösen sind. Erstaunlich, daß sich unsere Bürger an Schweitzer wenden, ihr Bürgermeister bzw. jeder andere Staatsfunktionär hätte ihnen helfen können.

Am Schluß ist eine gute Stimmung entstanden. Ich habe ihr von der Zusammenarbeit zwischen Marxisten und Christen erzählt, die sie doch recht interessant findet.

Wir müssen zum Mittagstisch.

Am Nachmittag fahren wir bei Dienstbeginn zur Baustelle. Schweitzer und ich fahren mit Siegfried Neukirch, dem seit 1959 hier lebenden Globetrotter aus Leipzig. Neukirch steuert enen Fünftonner, ein Spende von Mercedes. Er besorgt die 4 bis 6 Tonen Bananen, die das Spital pro Woche benötigt usw. Die Brücke über einen kleinen Fluß am Ogowe.

Es bleibt gar nichts anderes übrig: alle fassen mit an und versenken die Steinbrocken in die hölzernen, mit Zement angefüllten Umschalungen. Es platscht in dem flüssigen Zementbrei. Die Arbeit geht bei tropischer Sonne recht gut voran.

Auf der Rückfahrt läßt Schweitzer den Wagen anhalten, er füttert eine Henne mit ihren Küken. Dann erst geht es nach Hause.

Am Abend, nach dem Essen mit der Bibelexegese, deutliche Hinweise: Entscheidend, was ein Mensch *tut.* Davon hängt alles ab, ob Christ oder nicht. Das verbindet stärker als alle Erklärungen über Glauben und Weltanschauung.

Freitag, 4. August 1961

Beim Frühstück beginnt Schweitzer über aktuelle »ideologische« Probleme in seiner afrikanischen Umgebung zu sprechen. Mit Sorge betrachte er das Anwachsen der alten, animistischen Vorstellungen und der damit verbundenen, teils schrecklichen Bräuche. Wenn ein Fetischmann kommt und sich in der Nähe des Spitals niederlasse, gingen alle afrikanischen Heilgehilfen zu ihm – selbst wenn sie ihn innerlich ablehnten. Viele anerkennen ihn trotzdem freiwillig, sie zahlten ihren Tribut und erhielten einen weißen Strich auf die Stirn, gewissermaßen als Zeichen der Absolution. Der Strich bleibe manchmal tagelang und werde auch nachgezogen.

Es käme auch vor, daß ein Afrikaner vom Fetischmann behandelt werde, seine Frau jedoch von Dr. Schweitzer. »Die Schwarzen sortieren jetzt

Plätterinnen im Urwaldhospital

schon vorher: Das ist etwas für den Doktor und das für den Fetischmann.« Dagegen könne er nichts machen. Er müsse nehmen, was übrigbliebe. »Wir sind wieder zu Kollegen geworden, der Fetischmann und ich.«

Seit nunmehr 20 Jahren findet laut Schweitzer eine große Renaissance dieser schon überwunden geglaubten Sitten und Gebräuche statt. Vor allem in ihrer Wirkung sei sie gefährlich, wenn sie – mit christlichen Elementen und demokratischen Gebräuchen des Westens vermischt – als eigene, bodenständige Kultur ausgegeben wird und monopolisierend alles andere angreift und unterdrückt.

Die Unterdrückungsmethoden seien schrecklich wie in alten Zeiten: Angst, Terror, Gift, Mord, Unsicherheit. Als Schweitzer kam, habe er überall das Christentum als Erlösung bei der Bevölkerung feststellen können. Es war ein großer Befreiungsprozeß, der in seiner Radikalität und seinen nicht ausbleibenden Enttäuschungen nun zum Gegenteil führt. Kolonialismus und Christentum seien allzu eng miteinander verbunden. Aber das nicht allein! Allzu viele hätten angesichts der europäischen Christen geglaubt, ein Bekenntnis zum Christentum befreie sie geradezu automatisch von der Rückständigkeit und mache sie den Weißen gegenüber gleichberechtigt. Ein Christ ist zivilisiert! Man sei schon weit von den anderen im Busch entfernt.

Natürlich sei die Enttäuschung groß.

Jetzt sagten die Afrikaner: »Ihr habt uns Ärzte, Ingenieure, Techniker und viele andere gebracht. Aber ihr helft, indem ihr uns eure Kultur aufdrängt und die unsere vernichtet!« Die Emanzipationsbewegung und die Bildung neuer Staaten haben den alten afrikanischen Bräuchen einen unvorstellbaren Aufschwung verliehen. Besonders aktiv sei die Jugend, die sich – in der Bekämpfung aller europäischen Einflüsse – geradezu darauf stürzten. »Der harmloseste unter meinen Patienten kann eine große Macht haben, die er klug einsetzen wird. Für seine Umgebung ist sie unbegrenzt, weil er es versteht, seine Grenzen zu vertuschen.« Bei ihm mischen sich Unverständnis, Ablehnung und Verwunderung.

Ein Heilgehilfe sagte zu einer Schwester: »Wenn mein Onkel jetzt hier ginge, könnte er den großen Baum zwingen, seine Blätter und Äste vor uns zu neigen, soviel Macht hat er. Aber er wird seine Macht nicht dazu mißbrauchen.«

Ein Epileptiker lag im Spital. Der Doktor konnte mit seiner Medizin nicht viel ausrichten. Ein Fetischmann kam und sagte: Das ist nichts für den Doktor, und nahm ihn in eigene Behandlung. Nach einigen Wochen war er gesund. Das klinge unglaubhaft wie ein Märchen, aber später haben mir zwei Ärzte, sagt Schweitzer, dieses Beispiel bestätigt. Wie soll man das erklären?

Das Vertrauen der Afrikaner in ihre Fetischmänner ist so groß wie die Angst vor ihrer Macht. Die immer häufiger auftretenden Vergiftungen mit tödlichem Ausgang werden letzten Endes zur Sicherung ihrer Macht, ihres Einflusses verübt. Man könne nicht von einer Gegnerschaft gegenüber den Weißen sprechen, sie seien ohne besonderes Interesse. Die Fetischmänner kümmerten sich nur um Afrikaner und verlangten Gehorsam und Unterwerfung. Schweitzer erzählt, daß die Angst vor Vergiftungen manchmal so groß sei, daß er schon selbst Kranke füttern mußte [...]

Eine gefährliche Verurteilung: kleine, ganz feine, spitze Holzstücke ins Essen. Das Holz bleibt im Magen, durchbohrt die Magenwand. Der Mensch ist nach Wochen tot.

Manchmal werden Vergiftete auch von ihren Vergiftern ins Hospital gebracht, um nicht in einen Prozeß verwickelt zu werden. Man habe doch alles getan, um den Betreffenden vom Doktor »retten« zu lassen, heiße es dann.

Gift werde aus Rinden und Wurzeln gewonnen, Schweitzer weiß aber

nichts Genaueres. Das seien uralte Geheimnisse, die wenige nur kennen, aber perfekt beherrschten.

Ein Europäer habe Schweitzer von der Aufnahme in einen Geheimbund berichtet. Zunächst werde man durch Alkohol in Extase versetzt. Nicht nur Palmwein, sondern auch gewöhnlicher Fusel. Dann habe er anschließend erzählen müssen, was er geträumt und gesehen habe. Nur wer »weiße Vögel« gesehen hatte, wurde aufgenommen. Die Macht dieser Geheimbünde sei sehr groß. Mit allen Mitteln der Psychologie, vor allem der Abschreckung, hielten sie »ihre Angehörigen« untertan. Es gebe kaum Fälle, daß ein Weißer etwas darüber erführe. Vielleicht sei der Inhalt auch bedeutungslos, aber die Verbundenheit und die Gewalt seien von großem, oft entscheidendem Einfluß.

Man spürt: Es ist Winter in Lambaréné. Kühlender Wind, so daß es nicht zu heiß wird. Eine Schwester sagt, es sei seit vielen Jahren der kälteste Winter (20–25° C). Die Sonne scheint nur gelegentlich.

Samstag, 5. August 1961

Frau Takahashi, die Frau des japanischen Doktors der Leprastation, hat Geburtstag. Noch vor dem Frühstück versammeln wir uns vor ihrem Zimmer. »Ach bleib mit deiner Gnade« und »Harre meine Seele« werden in Deutsch gesungen. Sie versteht einige Worte und Sätze. Nach der Gratulation sehe ich in ihrem kleinen, bescheidenen Zimmer eine stattliche Anzahl von Schweitzer-Bänden auf Japanisch.

Während des Frühstücks erzählt Schweitzer aufgeräumt über zurückliegende Ereignisse. Die alte Mission sei zweimal von den kriegerischen Pahonias überfallen und geplündert worden. Heute noch fände man zuweilen theologische Bücher von damals in ihren eckigen Holzhütten. Die traditionellen Behausungen der Pygmäen hingegen seien rund. Als die Regierung befahl, nur noch eckige Häuser zu bauen, bauten sie große eckige und in diese hinein ihre runden. Ein amerikanischer Missionar erwirkte bei der Regierung die Zustimmung, wieder nach der alten Bauweise zu bauen.

Die Galoas, die im Gesicht feiner geschnitten sind als die Pahonias, hatten Sklaven, die sie bei ihren Feinden raubten. Viele kamen von selbst aus dem Urwald, weil es dort kein Salz gab. Auch wurden kleine Kinder ausgesetzt oder in die Sklaverei verkauft. Schweitzer hat das in seiner Anfangszeit noch selbst erlebt. Wenn sie jedoch eine starke Persönlichkeit waren und das Zeug dazu hatten, konnten Sklaven auch Häuptling werden. Er habe einige solcher Häuptlinge gekannt. Sie kauften sich viele Frauen, die sie für die Arbeit benötigten. Als die Regierung sie freilassen wollte, verkrochen sie sich, weil sie ihren Zustand nicht ändern wollten. Das sei natürlich ein Argument, das von Reaktionären immer wieder gebraucht werde, um den Fortschritt zu stoppen. Die Sklaven von Häuptlingen wurden getötet, wenn diese starben, damit sie ihrem Herrn im Jenseits weiter dienen konnten. 1850 erreichte die protestantische Mission bei Lambaréné erstmals, daß die Sklaven eines toten Prinzen nicht abgeschlachtet wurden.

Nach dem Frühstück und der Arbeitseinteilung Besuch bei Fräulein Kottmann. Sprechen über Afrika. Eigentlich ein unerfreuliches Gespräch. Sie äußert sich gegen Lumumba. Er habe die Schuld für das Blutvergießen. *(Patrice Lumumba, eine charismatische Führungspersönlichkeit im Kongo, war Staatschef des im Sommer 1960 aus belgischer Kolonialherrschaft entlassenen Landes geworden. Er trat entschieden für die afrikanische Freiheit und Würde ein. Es kam unter dem demagogischen Vorwand, Lumumba sei Kommunist, in dem an Bodenschätzen überaus reichen Land zum Bürgerkrieg. Im Januar 1961 war Lumumba barbarisch ermordet und seine Leiche mit Säure übergossen worden, die Details sollten erst in den 90er Jahren bekannt werden. Berichte besagen, daß bereits im August 1960 US-Präsident Eisenhower der CIA den Auftrag zur Beseitigung Lumumbas erteilt habe.)* Wenn man so gar nichts voraussetzen kann, ist es schwer, in Kürze überzeugend das Intrigenspiel der Kolonialisten und Neokolonialisten bloßzulegen. »Es war doch alles so gut!« Das Schlimme ist nur, daß Fräulein Kottmann und viele andere gar nichts von den Profiten der Kolonialisten haben, es sei denn, die lumpigen Spendenscheine, die nichts sind gegen die ehrlichen Spenden vieler einfacher Leute. Mit völlig mißgeleiteten Gefühlen helfen sie objektiv den Ausbeutern. Das ist schon tragisch.

Lumumba habe die weißen Frauen für vogelfrei erklärt und die Schwarzen aufgefordert, sie zu nehmen, wo sie sie fänden. Auf meine Frage, woher sie diese Lüge habe, sagt sie: Brazzaville- und Leopoldville-Radio.

Sie nimmt so etwas für bare Münze.

Ich kann sie nicht überzeugen, so sehr ich mich auch anstrenge. Geduld, o welche Kunst.

Die Belgier hätten keine Greueltaten begangen, ich solle mit den Ärzten Dr. Müller und Dr. Munz (beide aus der Schweiz) sprechen. Die wüßten das auch alles.

Die Missionsstation Andende mit Kirche – im Hintergrund der Ogowe

Am schlimmsten sei, daß die DDR die Politik Lumumbas gutheiße und unterstütze.

»Was glauben Sie, was die Schwarzen erst einmal mit uns machen, wenn Schweitzer nicht mehr lebt? Jetzt wagen sie sich nicht an seine Autorität. Aber dann brauchen wir viel Schutz und Hilfe gegen diese Wilden.«

Natürlich muß man das Verhältnis ändern, ich will mich aber nicht weiter einmischen, als es der Status der Gastfreundschaft erlaubt. Es ist nach Jahrzehnten schwer zu begreifen, daß nicht die Weißen, sondern die Afrikaner Herren im Lande sind. Die damit verbundenen Konsequenzen im Denken und Verhalten sind natürlich tiefgreifend. Anstelle des Patriarchaischen wird sich das Demokratische, das Miteinander durchsetzen müssen.

Unwillkürlich geht das Gespräch zu den Veränderungen in Ostdeutschland über. Vor allem zu unserer Landwirtschaft, der Bildung der LPG. Ich kann ausführlich zeigen, daß heute viele alte Dinge und Methoden, die versagt haben und sich gegen die Mehrheit der Menschen richteten, abgelöst werden. Man kann die Zukunft ins Auge fassen, egal, wie alt man ist, um für sie zu schaffen und zu leben.

Schließlich erzählt sie in ausgeglichener Stimmung Neuigkeiten: Zwei Nilpferde haben in der Nähe des Obstgartens am Strand Quartier bezogen. Das sei ein ernstes Hindernis für die Kanufahrten. Die leprösen Fuhrleute hätten Angst.

Eine Antilope ist lahm. Ein Hund trägt einen kleinen Affen mit sich. Große Freundschaft, fast unzertrennlich.

Sie spricht auch von der Wocheneinteilung Mo/Mi/Fr Sprechstunden, Di+Do wird operiert.

Sie sagt mir, daß Schweitzer von unserem Besuch sehr angeregt sei und man ihn schon lange nicht mehr in der bedeckten Winterzeit mit so fröhlichem und aufgeschlossenem Gesicht gesehen habe.

Noch am Vormittag gehe ich mit Kettler zur protestantischen Mission, wo Schweitzers erstes Wohnhaus und Spital gestanden haben. Der Weg führt am Ogowe entlang, am Fährübergang zur Insel, auf der Lambaréné liegt. Es sind mehrere Hütten entstanden. Bilder mit dem Staatspräsidenten M'ba und andere Symbole der jungen Republik, z. B. Fahnen, sind zu sehen. Dann führt der Weg wieder durch Dickicht, und bei einer Lichtung liegt ein weiteres Dorf. Mitten auf dem Weg erkenne ich eine Grüne Mamba, die sich aber durch uns nicht stören läßt. Sie wendet ihren Kopf gelangweilt in unsere Richtung, ihr Biß ist tödlich. Ein Afrikaner, der zufällig des Weges kommt, vertreibt sie mit einem Strauch.

Kurz vor der Station stoßen wir auf einen zehn Meter breiten Fluß, der in den Ogowe mündet. Er versperrt uns den Weg. Auf einem Baumstamm könnten wir ihn überqueren, doch das erscheint uns als zu riskant. Später wird uns Schweitzer erzählen, daß dort schon viele Gäste ausgerutscht und naß zurückgekehrt seien.

Wir nehmen uns weiter oberhalb eine Piroge. Aber auch das ist eine wacklige Angelegenheit. Ein Gabonese rudert. Der Fluß ist voller Unrat, der Anblick nicht appetitlich.

Die Mission ist leer, aber in guter Ordnung. Wir werden nach unseren Wünschen gefragt, man bleibt aber erkennbar mißtrauisch. Jetzt befindet sich eine evangelische Schule hier. Die Beziehungen zum Spital und zu Schweitzer sind allein schon wegen der Entfernung nicht allzu eng.

Nach dem Mittagessen kommt Schweitzer auf Erinnerungen zu sprechen. »Mein Leben ist in entscheidendem Maße von Nietzsche bestimmt. Manche meinen, ich habe eine gewisse Ähnlichkeit im Gesicht mit ihm. Als ich ihn in seiner blendenden Sprache gelesen hatte, vor allem ›Also sprach Zarathustra‹, wartete ich darauf, was die Kirche und die Philosophie darauf sagten.« Sie haben nichts gesagt, sie wußten nichts zu sagen zu dieser »Antiethik«. Schweitzer verweist darauf, daß er 1900 eine Totenrede über Nietzsche gehalten habe. »Ich habe darauf untersucht, wie es mit der Humanität steht, und habe gefunden, daß sie seit der großen deutschen Klassik immer tiefer gesunken ist. Die Freimaurer wurden bedeutungslos. Der Tiefstand war mit dem Tode Wilhelms I. erreicht, der im Gegensatz zu Wilhelm II. selbst Freimaurer war.« Auch Schweitzers Großvater war Freimaurer.

Die Humanität wäre allenthalben gesunken.

Er erinnert daran, daß Stoizismus (als Naturphilosophie) und das Christentum parallel verlaufen seien und erst Erasmus von Rotterdam Einigung versucht habe. Diese Parallele ohne Vermengung und Einigung sei tragisch, denn auch Spinoza war in letzter Konsequenz nicht ethisch.

»Ich habe eine Antwort gesucht. Da der Weltkrieg begonnen hatte, konnte sie nicht mehr kritisch sein, ich mußte positiv antworten. Das habe ich in meiner Ethik ›Ehrfurcht vor dem Leben‹ zusammengefaßt, die Triebkraft jeder Ethik. Sie ist nicht mehr auf den Menschen schlechthin bezogen, sie bezieht alle Kreatur ein und geht in eine bisher nicht bekannte Tiefe des Ethischen. Ein Freund schrieb mir: Wo steht das bei Goethe? Ich antwortete, daß ich Goethe gut kenne, aber keine Stelle wüßte, an der er das sagt. Dann schrieb er: Wo steht das bei Plato? Ich sagte ihm, daß dort nichts stehe. Wer hat es dann gesagt? Und dann wagte ich nicht mehr zu antworten.«

»Dadurch, daß ich alle Lebewesen einbeziehe, entwickle ich nicht nur das Verhältnis zum Menschen, sondern zu allen Lebewesen. Das ist die wahre Ethik. Es mußte jemand den Mut haben, auf Nietzsche überzeugend zu antworten.«

Überhaupt sei Nietzsche, wie er selbst erklärt habe, auf Zarathustra gekommen, weil er sich später gewandelt habe, und des Rhythmus wegen. Als Richard Strauß seine Musik über Zarathustra in Paris aufführte, saß ein Kenner des Zarathustra beim Diner neben ihm und fragte ihn, was ihn an Zarathustra denn so beeindruckt habe.

Hat er denn überhaupt gelebt? fragte er erstaunt zurück.

Mit Franz Jahsnowski: 1930 in Frankreich geboren, in Jena Romanistik und Sinologie studiert, seit 1955 Dolmetscher im diplomatischen Dienst, von 1973 bis 1990 Botschafter und Leiter der Protokollabteilung des Außenministeriums

Schweitzer äußert sich wiederholt: Die Einfachheit und Durchschlagskraft der »Ehrfurcht vor dem Leben« sei überwältigend.

Beim Verlassen des Saales: Ananas und Ölpalmen sind Unkraut, da sie sich anspruchslos von selbst wuchernd vermehren.

Der Wald sei der Bewahrer des Lebens der Tiere, vor allem der Gorillas und Elefanten. Je mehr Wald und ungestört, desto besser gedeihen die Tiere.

Als wir am Nachmittag mit Schweitzer die Brücken-Baustelle besichtigen, fragt ein Afrikaner auf Französisch: »Warum arbeiten die beiden nicht mit?« Er zeigt auf Kettler und mich. Franz arbeitet seit Tagen dort.

Ein anderer antwortet: »Sei ruhig, das sind Amerikaner, die sind reich!«

Schweitzer, wenn er mich sucht: »Wo ist denn der Häuptling von den Dreien?«

»Warum bellen denn die Hunde?« – »Weil die armen Schwarzen arbeiten müssen!«

Am Nachmittag treffe ich Dr. Richard Friedmann im Gespräch mit einem Geisteskranken, der sich in seiner vergitterten Zelle befindet und gut Französisch spricht. Furchtbare Vorstellungen und Ängste quälen ihn. Friedmann meint, daß die Befreiung von verschiedenen tiefsitzenden Ängsten die wichtigste Aufgabe des Arztes sei, da die Ängste fürchterliche Ausmaße annehmen könnten. Die Macht der Magie und die alten Vorstellungen des Animismus seien bei den Menschen um Lambaréné übergewaltig. Die Sensiblen seien besonders gefährdet. Im allgemeinen gebe man nur Linderungsmittel, damit sie nicht allzu gefährlich werden. Sie redeten von Dingen, die ihnen viel wichtiger seien als jede Wirklichkeit. Ihre Welt insgesamt unterscheidet sich oft grausam von unserer.

So wurde die Pygmäenfrau, die ich wegen eines Fotos besuchte, ganz böse und wild, weil die mich begleitende Schwester den von ihr als Eigentum betrachteten Platz im Freien irgendwie berührt hatte. Das ist Urzeit: Sie schläft nicht im Haus, ihre Zehen sind viel größer als normal, sie ist kaum bekleidet.

Ihre ganze Art ist anders, uns völlig fremd, aber sie ist souverän, setzt sich selbst Gesetze und Grenzen, ihre Auffassungen haben Gültigkeit, und sie verlangt, daß auch wir diesen unbekannten »Bestimmungen« Respekt erweisen.Da sie nur zirpt, verstehen wir nichts von ihrer Welt. Sie nimmt z. B. nur Essen, wenn sie direkt beliefert wird. Alles andere weist sie als unter ihrer Würde stehend zurück.

Nach dem Abendessen spricht Schweitzer über Philosophie. »Man muß nur den Schlüssel kennen. Der Grundgedanke zieht sich durch alle Werke, und man merkt bald, ob es ein guter oder ein schlechter Denker ist. Man weiß dann auch, ob er es geschafft hat. Es ist töricht, was Descartes gesagt hat: Cogito ergo sum. Wenn ich beim Zahnarzt bin, weiß ich auch, daß ich bin. Umgekehrt ist richtig.«

Exegese aus dem Korintherbrief. Paulus habe einen herrlichen, einfachen und verständlichen Stil. »Alles ist Euer, aber Ihr seid Christi und er ist Gottes.« Seiner Meinung nach waren am Anfang die Briefe von Paulus, später habe sich alles weiterentwickelt. Die Funde von Qumran hätten mit Jesus nichts zu tun, denn Jesus habe sich niemals als Messias ausgegeben. Es habe keine Verbindung festgestellt werden können. Außerdem fehlt bei den Funden gänzlich die Erwartung des Reiches Gottes.

Anschließend legt Siegfried Neukirch die 1. Sinfonie von Beethoven auf den Plattenspieler, der mit einer Batterie betrieben wird. Es ist ergreifend zu sehen, wie sich Schweitzer immer mehr der Musik hingibt. Mit geschlossenen Augen und gesenktem Kopf hört er zu.

Nach dem letzten Ton folgen wir drei ihm in sein Zimmer, wo auch Fräulein Kottmann und Frau Martin sind.

Er äußert sich anerkennend über mein Buch. Nach einigen Erläuterungen übergebe ich ihm den Brief Walter Ulbrichts, den er aufmerksam durchliest. Er scheint beeindruckt. »Das ist rührend, ein Brief in ernster Stunde und so herzlich. Ich darf ihm doch antworten?«

Dann plaudert er wieder von seiner Jugend. »Wie schön, daß ihr meine Erinnerungen gedruck habt.«

Spät am Abend kommt Friedmann zu mir ins Zimmer. Er erzählt mir die Geschichte eines afrikanischen Geisteskranken, die ihn sehr beschäftigt. Die Familie des Kranken ist eine vornehme Kriegerfamilie, die die Befehle der Ahnen ausführt, die Sippe zu schützen und alle ihre Feinde zu töten. Sein Vater war zum Christentum übergetreten und diente Jesus als Katechet. Allen Anfechtungen der empörten Geister seiner Ahnen konnte er mit Hilfe und Schutz Jesu widerstehen. Die drei Söhne waren auch Christen geworden. Der Kranke ist der älteste, sie lebten lange miteinander, bis er nach Europa ging.

Er sei ein Christ wie alle gewesen, recht und schlecht. Aber er handelte nicht aktiv für Jesus wie sein Vater, so daß er nicht den gleichen Schutz wie dieser genoß. Das nutzten die Geister nach dem Tod des Vaters. Sie kamen nachts, bedrängten ihn und appellierten an sein Gewissen. Er sei der Chef

der Familie. Ihr Druck wurde immer stärker, bis ihm klar wurde, daß er ihrer Übermacht nicht widerstehen würde. In einer Nacht hießen die Geister ihn, an einer bestimmten Stelle im Urwald den dort verscharrten Fetisch der Familie auszugraben. Das tat er und baute ihn in sein Haus ein. Allerdings unterließ er es, ihm zu huldigen. Das führte zu einer Verschlechterung seiner Geschäfte und der Lebenslage. Er wurde darüber immer trauriger. Die Geister rieten ihm, den Fetisch des Nachbarn auszugraben, denn dieser sei an allem schuld, er locke seine Kunden dorthin. So zerbrach er eines Nachts über dem fremden Fetisch eine Flasche mit kostbarem Inhalt (natürlich Schnaps).

Das genüge nicht, sagten die Geister. Draufhin habe er auch alles Porzellan im Hause zerschlagen. Doch nunmehr wären auch die Geister des Fetisch vom Nachbarn gekommen. Es habe einen furchbaren Kampf gegeben, vieles sei in seinem Haus dabei zu Bruch gegangen. Mitten in diesem Kampf sei er von seinem Nachbarn überfallen, gefesselt und ins Hospital

Albert Schweitzer und Gerald Götting

gebracht worden. Nun sinne er hier darüber nach, wie er den furchtbaren Kampf doch noch gewinnen könne …

Soweit Friedmanns Erzählung. Die Geschichte empfand er als erschütternd, weil er mit seiner Schulmedizin nicht weiterkam. Es sei schwer, hier zu helfen, da es sich um »Mächte« handele, die man kaum analysieren könne.

Sonntag, 6. August 1961

Nach dem Frühstück sitze ich in meinem Zimmer und schreibe. Fräulein Kottmann hat mir einen Stapel an Schweitzer gerichtete Briefe mit Bitte um Beantwortung übergebe. Der Doktor werde sie anschließend in vollem Vertrauen in mich unterzeichnen.

Danach Spaziergang im Umkreis des Spitals. Überall herrscht sonntägliche Ruhe, jedermann feiert auf seine Weise. Einige palavern, andere dösen oder schlafen, manche schreiben nach Hause.

Vor 12 Uhr versammeln sich Ärzte, Schwestern und Mitarbeiter im Speisesaal. Alle in Weiß, der Doktor trägt einen dunklen Anzug und hat eine schwarze Fliege umgebunden. Stehend hört sich Schweitzer die kurze Festansprache von Prof. Louis-Heinz Kettler an. Kettler ist Anfang 50, Pathologe und Ehrenmitglied der *Société Anatomique Francaise.* Der Dekan erinnert an das Jubiläum der Charité und begründet, warum die medizinische Fakultät der Humboldt-Universität – an der Schweitzer für kurze Zeit studierte – ihm die Ehrendoktorwürde verliehen hat. Kettler hebt die großen medizinischen Leistungen Albert Schweitzers hervor.

Schweitzer ist stark bewegt. Seinen Dank verbindet er mit Erinnerungen an Berlin. Mit Freude erinnere er sich an die glückliche Zeit um die Jahrhundertwende und die Begegnungen im Hause des Archäologen und Historikers Ernst Curtius, der in den 70er Jahren auf dem Peloponnes Olympia ausgegraben hatte. Selten sei er so froh und frei gewesen wie damals. Das Militär und die schweren Studienjahre lagen hinter ihm und die Zukunft wartete auf ihn. Er erinnert sich an Harnack, den Theologen und Historiker, und viele andere. »Ich wäre gern selbst nach Berlin gekommen, um mir den Ehrendoktor dort abzuholen, aber es hat zuviel Arbeit gegeben.«

Er denke nämlich, daß er in seinen hohen Jahren vordringlich bauen, bauen und nochmals bauen müsse. Je älter der Doktor wird, desto mehr bewegen ihn solche konkreten Aufgaben, die nur noch von seinem Kampf gegen die Atomkriegsgefahr übertroffen werden. Auf seine Ethik will er

sich verlassen, und hier hört er nur auf das Echo, das sie draußen in der Welt findet. »Sie wird ihren Weg machen.«

Großen Wert lege er auf seine Korrespondierende Mitgliedschaft in der Akademie der Wissenschaften zu Berlin.

Anschließend gibt es einen Spaziergang mit Fotografieren. Leider ist der Fotoapparat nicht in Ordnung, kein Bild gelingt. Schweitzer zeigt uns seinen Obstgarten, seine Tiere und die Wohnungen schwarzer Mitarbeiter. Vor allem auf die neueren Bauten im Lepradorf lenkt er unsere Aufmerksamkeit. Auf der einen Seite sind die Schlafräume, und auf der anderen, nur durch einen Gang getrennt, die Küchen mit den Vorräten.

Zum Mittagessen gibt es zur Feier des Tages Schweinebraten, Papayas und Obstsalat.

Nach dem Mittagsschlaf bis 16 Uhr ein gemeinsamer Spaziergang zum Ufer.

Dr. Weißgerber vom Urwaldhospital unterwegs in den Dörfern

Die einen setzen über zur Sandbank, wo fröhliches Treiben herrscht, während ich zum Nachbarn am Ufer entlanggehe. Ich muß daran denken, wie verschieden ein Sonntag von den Menschen in der Welt verbracht wird, und wie ähnlich die Gewohnheiten und die Möglichkeiten der Erholung sind.

Die Temperatur ist angenehm.

In der Ferne kann ich spielende Flußpferde sehen. Sie kommen erst in der Dunkelheit ans Ufer, um die Leckerbissen »Papyrus« zu verspeisen.

Nach meiner Rückkehr nehmen wir gemeinsam das Abendessen ein:

Dr. Friedmann im Regen

Makkaroni, Käse, Tomatensauce. Dann, wie fast an jedem Abend, setzt sich Schweitzer ans Klavier. Wir singen »Nun ruhen alle Wälder«. Und uns scheint, als säßen wir in der Heimat und wären fern von dem geheimnisvollen, gärenden und sich Neuem zuwendenden afrikanischen Kontinent.

Schweitzer behandelt den 2. Korinther-Brief, in dem Paulus beschreibt, wie er alle Schwierigkeiten auf sich genommen hat. »Ja, es war ein gefährliches Leben, das er lebte.« Nachdem Schweitzer geendet hat, versinkt er schweigend ins Gebet. Dann geht er ohne einen Gruß davon. Er will mit sich allein sein, und alle respektieren das.

Diesen Abend verbringe ich wieder mit Dr. Friedmann. Er erzählt mir vom Land Gabun. Ihn verbindet enge Freundschaft mit afrikanischen Familien. Er wurde sogar feierlich in einen Stamm aufgenommen.

Die Sitten sind sehr kompliziert. Im Land herrscht das Matriarchat. Durch den europäischen Einfluß wird es in den Städten mehr und mehr verdrängt. Schwierig ist es, die Gesetze der Gastfreundschaft zu erfüllen. Jeder Fremde, der in ein Dorf kommt, hat das Recht, bei Dunkelwerden Quartier zu erbitten. Der Hausherr muß ihm nicht nur ein Lager anbieten, sondern auch nach uraltem Brauch seine Frauen vorstellen und ihm eine für die Nacht anbieten. Der Fremde tut gut daran, sich vorher im Dorf nach der Lieblingsfrau des Gastgebers zu erkundigen. Wählt er nämlich diese statt einer Arbeitsfrau, überlebt er die Nacht kaum. Mit Gift vom Fetischmann, das für solche Fälle bereitet wird, oder durch Unfall beliebiger Art wird er an der Wahrnehmung des offiziellen Angebots gehindert.

Eine andere Sitte besteht darin, daß jeder zu seinem Stammesbruder gehen kann, um ihm zu sagen, daß er mit einer seiner Frauen schlafen will. Diesen Wunsch darf er ihm nicht abschlagen. Es ist nur eine Frage des Preises. Fordert er einen zu hohen, bringt der Bittsteller drei Zeugen mit, läßt sich den überzogenen Preis noch einmal nennen und darf dann, wenn der als zu hoch eingeschätzt wird, ohne Bezahlung mit der Frau schlafen.

Die Frau kann aber außerdem Geld verlangen, und sie kann den Preis beliebig gestalten, ohne daß ihr jemand Vorschriften machen kann, so daß es in ihrem Ermessen liegt, ob der Beischlaf zustande kommt oder nicht.

Die Heirat ist im allgemeinen eine von Geschäft und Vernunft diktierte Angelegenheit. Mit der Heirat werden die sexuellen Fragen nur selten berührt.

Friedmann erzählt weiter, daß auch heute noch die Helfer des Fetischmannes die Afrikaner zuammenrufen. Die Versammlungen finden nachts statt. Afrikaner können im Dunkeln vorzüglich sehen. Kaum einer wird

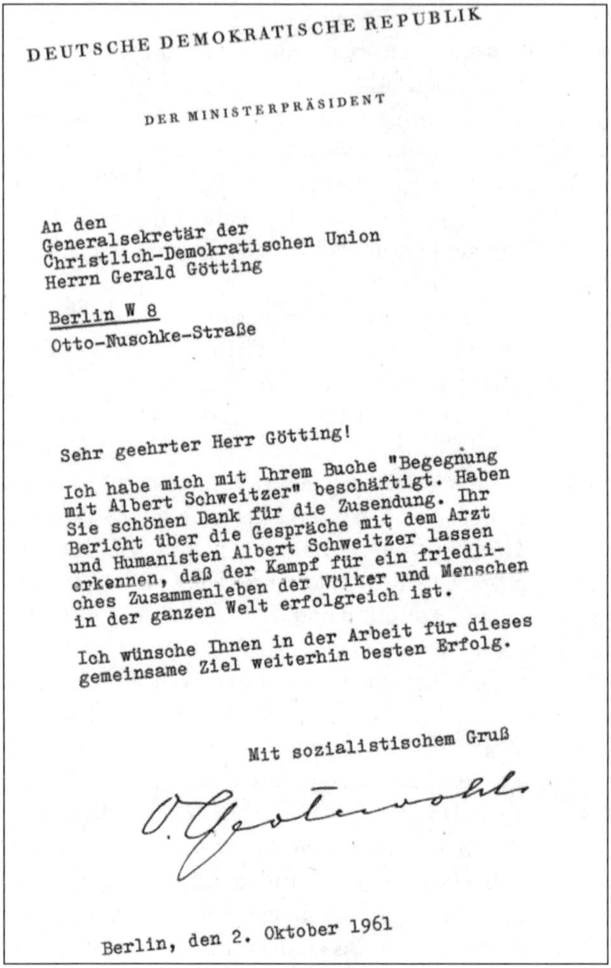

DEUTSCHE DEMOKRATISCHE REPUBLIK

DER MINISTERPRÄSIDENT

An den
Generalsekretär der
Christlich-Demokratischen Union
Herrn Gerald Götting

Berlin W 8
Otto-Nuschke-Straße

Sehr geehrter Herr Götting!

Ich habe mich mit Ihrem Buche "Begegnung
mit Albert Schweitzer" beschäftigt. Haben
Sie schönen Dank für die Zusendung. Ihr
Bericht über die Gespräche mit dem Arzt
und Humanisten Albert Schweitzer lassen
erkennen, daß der Kampf für ein friedli-
ches Zusammenleben der Völker und Menschen
in der ganzen Welt erfolgreich ist.

Ich wünsche Ihnen in der Arbeit für dieses
gemeinsame Ziel weiterhin besten Erfolg.

Mit sozialistischem Gruß

O. Grotewohl

Berlin, den 2. Oktober 1961

Auch Ministerpräsident Otto Grotewohl beschäftigte sich mit Albert Schweitzer

aus Angst vor der Strafe fehlen. Die Befehle, die dort erteilt werden, sind verbindlich. Führt sie einer nicht aus, muß er mit dem Tode rechnen.

Wir verplaudern uns bis tief in die Nacht.

Montag, 7. August 1961

Beim Frühstück wird bekannt, daß German Titow als zweiter Kosmonaut die Erde umkreise. Keiner will das zum Hauptthema machen. Aber

Schweitzer richtet an diejenigen, die ein Kofferradio haben, direkte Fragen und läßt sich sachlich berichten. Seine erste Meinung lautet: Ein Glück, daß es ein Russe ist, denn die Amerikaner würden das sofort in ihre Politik der Drohungen einbeziehen. Mir ist es schon so lieber, denn es zeigt einigen Herren in den USA, daß ihre Bäume nicht in den Himmel wachsen.

Sein zweiter Gedanke: »Wenn man nur soviel Energie für den Kampf gegen Atomwaffen einsetzen würde!«

Nach dem Frühstück nimmt mich Schweitzer mit. »Wir wollen recht viel zusammensein, damit Sie mich in der kurzen Zeit Ihres Besuches haben.« Er hatte ursprünglich gehofft, daß wir drei Wochen bleiben würden.

Unser Hauptthema lautet, auch wenn es von ihm nicht so prononciert genannt wird: Wie ist es mit dem Ethischen im Sozialismus? Welche Wirkung hat mein ethischer Appell? Und wenn die Resonanz meiner »Ehrfurcht vor dem Leben« so stark ist, dann will ich mehr von der geistigen Fundierung des Sozialismus hören.

Ali Silver, Dr. Takahashi, Dr. Friedmann und Schweitzer

Sein Interesse am Sozialismus ist zweifellos davon bestimmt, inwieweit seine ethischen Auffassungen, die er gegen die bürgerlich-kapitalistische Welt entwickelt hat, im Sozialismus eine gedeihliche Grundlage finden könnten. Schweitzer betont, daß er mit zunehmendem Alter immer stärker und bewußter davon ausgehe, daß seine Ethik der Ehrfurcht vor dem Leben Christen wie Atheisten erreichen müsse. Es sei ein System von humanitären Forderungen, dem alle humanistischen Kräfte zustimmen können.

»Ja, wenn der Marxismus eine einzigartige humanistische Bewegung sei, die auch imstande ist, den Frieden zu verwirklichen, dann sei seine Ethik kein Widerspruch, sondern eher eine Brücke, die zu den Christen führte. Umgekehrt sei aber auch die Herausarbeitung der ethischen Postulate, wie sie die Kirchen aus unterschiedlichen Gründen verkümmern ließen, für den Christen ein Kompaß, in jedem seinen Bruder zu suchen und mit ihm das Leben zu verantworten und gemeinsam zu walten.«

Die Zusammenarbeit von Christen und Menschen anderen Glaubens und anderer Anschauungen hält Schweitzer für so selbstverständlich, daß meine Darlegungen über diese in unserer Republik erreichte Errungenschaft gar nichts Besonderes bedeuten. Ihn hätte eher das Gegenteil verwundert.

Der Speisesaal

Bei unserem Gespräch zeigt sich, wie lebhaft er daran interessiert ist, daß seine Gedanken, seine Ethik ins Russische übertragen und auch in anderen Sprachen bekannt werden. Er gäbe zu jeder Übersetzung und Veröffentlichung seine Einwilligung.

Dann kommt ein Mitarbeiter und trägt Fragen zum Brückenbau vor. Das alarmiert den Doktor. Er nimmt seinen Helm und verabschiedet sich: Wir können später weiter plaudern, aber der Bau darf nicht stillstehen.

Ich schreibe auf meinem Zimmer, bis mich Fräulein Kottmann rufen läßt. Sie informiert sich über die Lage, vor allem aber über unsere Bücherausgaben. Dabei lobt sie die Ausgaben aus dem Union Verlag, die ich ihr geschickt hatte. Der Bildband über Bach, eine ausgezeichnete Ausgabe des Verlages der Nation, habe allgemeine Bewunderung gefunden.

Zum Mittagessen gibt es Kapitän, einen schmackhaften Fisch aus dem Ogowe, importierte Kartoffeln, Salat, Papayas und Reis. Dazu klares Wasser, das jeder mit den kleinen Zitronen und Zucker verbessern kann.

Nach der obligatorischen Ruhepause nimmt uns Schweitzer mit dem LKW zur Brücke mit. Er will die Arbeiten besichtigen und uns bei sich haben.

Sein großer Zeh ist noch immer verletzt, er klagt sehr darüber. Das hindert ihn jedoch nicht, auf der Baustelle herumzulaufen und mit den Männern zu sprechen.

Franz Jashnowski arbeitet dort mit und macht mit seinem Fleiß großen Eindruck bei Schweitzer und den Afrikanern. Da er sehr gut Französisch spricht, hat er sich umgehört. Zur Beaufsichtigung hatte Schweitzer einen jungen Mann aus Burundi eingesetzt. Er heißt Passialis (auf Wunsch Schweitzers ist er später mein Gast in Berlin). Er hat große Träume und leidet darunter, daß sein Vater Grieche und seine Mutter Kongolesin ist. Obgleich dunkelhäutig, sitzt er an Schweitzers Mittagstisch, ein Privileg, was ihm die anderen Schwarzen offenkundig neiden. Er ist ein strenger Aufpasser und versucht, wie ein Weißer zu sein. Kein Wunder, daß die Schwarzen sich bei Franz über ihn beklagen.

Die Regierung und die in der Stadt lebenden Afrikaner kritisieren das Spital. Es ist für sie ein Relikt aus der Kolonialzeit, ein Anachronismus. Sie möchten den Zustand ändern, doch dem stehen derzeit noch Autorität und internationale Reputation Albert Schweitzers entgegen. Eine Stimmung und Erwartung von Veränderungen der Verhältnisse sind spürbar. Vor Schweitzers Tod aber wird sich nichts ändern. Erst dann wird es anders werden. Die Ideen der Neuzeit setzen sich durch.

Er selbst spricht auch mit uns wiederholt von der Zeit nach ihm. Er sagt auch jetzt: »Ich will alles soweit vorwärtsführen und fertigkriegen, daß es nach meinem Tode fortgesetzt werden kann.« Ein andermal sagt er: »Ich baue jetzt soviel, damit mein Nachfolger erst einmal Zeit hat, sich Autorität zu verschaffen, und nicht gleich mit Bauen anfangen muß.«

Er wirkt ein wenig wehmütig. »Ich habe noch soviel mit euch zu besprechen, und ihr wollt schon bald abreisen.«

Dann nimmt er uns am Arm und zieht uns mit sich fort.

Abendbrot. Friedmann bleibt noch zu einem Gespräch. Man sollte ein Institut bilden, am besten in Berlin, das die Ideen von Schweitzer verbreitet. Er lobt die ungarischen Bischöfe, die sich seiner Meinung nach unter den Bedingungen des Sozialismus am besten eingerichtet hätten. Da er in Ungarn zur Schule ging und in Debrecen studierte, liest er den ungarischen *Kirchlichen Pressedienst* sehr aufmerksam. Er sympathisiert mit der fortschrittlichen Entwicklung in Ungarn. Bis vor kurzem nahm ich an, daß Friedmann Schweitzers Nachfolger werden würde. Inzwischen habe ich aber erfahren, daß Schweitzer Walter Munz aus der Schweiz am meisten vertraut und darauf hofft, daß er sein Werk fortsetzen wird. *(Munz wird von 1965 bis 1969 als Chefarzt arbeiten und, nachdem Rhena Schweitzer*

Miller nach dem Tod ihres Vaters zunächst bis 1968 als Direktorin des Spitals amtierte, auch für zwei Jahre die Einrichtung leiten – G. G.)

Obgleich Richard Friedmann einer der treuesten Mitarbeiter Schweitzers ist, ist er vielleicht doch nicht der Mann, auf den der Doktor setzen kann. Friedmann ist, obgleich Ungar, staatenlos und will die Staatsbürgerschaft Gabuns erwerben. Er hat viele Jahre in Hitlers KZ gelitten, in den USA gelebt, ist heimatlos und ohne Verbindungen.

An diesem Abend gibt es ein kleines Fest. Initiator sind Schweitzers Tochter Rhena und Schweitzers Enkelinnen. In einem kleinen Raum im »Sanssouci« wird alles beiseite geräumt. Es gibt Stühle, ein Batteriegrammophon mit Tanzplatten und – Bowle. Sie zieht bereits seit Nachmittag. Außerdem knabbern wir Kekse. Wir sind zwölf Personen im Raum. Vor allem junge Schwestern, Friedmann, Walter Munz und Siegfried Neukirch sind gekommen. Es wird sehr lustig, richtig fröhlich. Der Doktor weiß nichts von dieser Fete. Oder?

Es wird getanzt, geflirtet, man erzählt sich Geschichten. Eine richtige Party. Wir werden gefragt, ob es so etwas auch im Osten gäbe. Dort seien die Menschen doch alle bedrückt und traurig. Man glaubt uns nicht, als wir lächelnd bestätigen, daß man auch bei uns zu feiern verstünde.

Dorf gegenüber der Stadt Lambaréné

Dienstag, 8. August 1961

Am Vormittag ist ein Besuch des Städtchens Lambaréné vorgesehen. Nach dem Frühstück fahren wir in Begleitung von Fräulein Silver los. Die Piroge wird von Leprösen gerudert. Das ist ein altes Privileg. Der Ogowe führt nicht viel Wasser, überall sind Sandbänke. Die Ruderer strengen sich an, es ist eine bewährte Mannschaft, die schon viele Jahre den Ehrendienst versieht. Es tut ihnen gut, daß sie gebraucht und anerkannt werden. Obgleich es der Doktor nicht gern sieht, erhalten sie von den Besuchern oft Trinkgeld, was sie noch mehr von den anderen Patienten abhebt. »Das verdirbt die Sitten«, meint Schweitzer, als ich ihn frage, wie hoch das Trinkgeld sein müsse, das wir geben wollen.

Die Mannschaft singt und schlägt mit den Rudern den Takt. Die Männer machen trotz ihrer Erkrankung einen zufriedenen Eindruck.

Am Ufer tummeln sich vier oder sechs Flußpferde, das sorgt für Unruhe. Der Führer der Mannschaft hat nur Augen für diese Kolosse, die bei unserem Nahen untertauchen. Ich weiß nicht, wer mehr Angst vor dem jeweils anderen hat. Die Piroge wird immer schneller, fährt dicht am Ufer entlang. Jetzt nähern sich uns die Pferde, sie sind erkennbar neugierig.

Nach etwa 20 Minuten erreichen wir den Hafen. Die Stadt liegt auf einer Insel. Sie wurde einst von den Kaufleuten Cooks und von Hatton für ein befestigtes Lager ausgewählt, als sich die Angriffe der Afrikaner gegen die weißen Eindringlinge häuften.

Neben soliden alten Gebäuden stehen neue, stabile Häuser. Doch auch alte Hütten sind vorhanden. Nach Libreville und Port Gentil ist Lambaréné die drittgrößte Stadt des Landes. Es bietet sich ein schönes, farbenfrohes Bild. Auf dem Markt preisen Händler ihre Waren an. In der Mitte der Insel steht eine kleine, bescheidene Moschee. Der Islam findet immer mehr Anhänger, weil er den Gewohnheiten der Afrikaner mehr entgegenkommt als die strengen Forderungen der christlichen Missionare.

Neben den Verwaltungsgebäuden, der Polizeiwache und dem städtischen Krankenhaus fällt das Hotel der französischen Luftfahrtgesellschaft UAT besonders auf. Wir genehmigen uns einen Kaffee und einen Whisky.

Anschließend schlendern wir über den Markt. Wir fotografieren wie richtige Touristen. Ich kaufe eine Schallplatte, Postkarten und einen geschnitzten Elefanten. Hier gebe es mehr Elefanten als Menschen, sagt der Hotelier und lacht. Gegen Mittag fahren wir zurück.

Bereits nach dem Essen geht es schon wieder aufs Wasser. Diesmal fah-

Neugierige Begrüßung

ren wir flußaufwärts. Wir sollen die Umgebung kennenlernen und auch ein Dorf besuchen. Die Piroge macht Fahrt, man darf sich aber nicht bewegen. Jede Bewegung führt zu bedenklichen Schwankungen. Wir treffen auf andere Einbäume. Man winkt herüber und macht freundliche Bemerkungen. Eine Feuerschlange schwimmt vorüber und verursacht Gänsehaut. Sie ist sehr giftig.

Wir fahren dicht am Ufer, dort ist die Strömung nicht so stark. Die Äste der Bäume ragen ins Wasser, der Wald dahinter ist schwarz und dicht. Nach jeder Biegung bietet sich ein neues Panorama aus den stets gleichen Zutaten: Wasser, Wald und blauer Himmel. An einer versteckten Landungsstelle schießt das Boot ans Ufer. Wir steigen aus und marschieren im Gänsemarsch auf einem schmalen Trampelpfad durchs Schilf. Bald stoßen wir auf ein kleines Dorf. Alle Einwohner strömen zusammen, einer begrüßt uns auf Französisch. Die Ruderer sind bekannt, man weiß, woher wir kommen. Wie sich bald heraustellt, sind alle Dorfbewohner einmal Patienten beim Grand Docteur gewesen und haben sich nach dem Spitalaufenthalt hier niedergelassen. Vom Doktor haben sie gelernt, wie man Plantagen anlegt, höre ich, und jetzt verkaufen sie ihre Erzeugnisse ans Spital. Nun müssen wir uns alles ansehen. Man reicht uns Kokosmilch und Bananen. Wir revanchieren uns mit Geldscheinen, die dankbar angenommen werden. Das Palaver nimmt kein Ende. Zum Schluß schenken sie uns Eier, die wir für die Küche des Spitals mitnehmen.

Rechtzeitig zum Abendbrot sind wir wieder zurück. Wir erzählen von unserem Besuch. Anschließend spricht der Doktor mit mir darüber, wem er alles schreiben wolle, damit ich die Briefe mit nach Berlin nähme.

Mittwoch, 9. August 1961

Nach dem Frühstück fahren wir mit Siegfried auf dem LKW zum Bananenkauf. Das ist ein langwieriges Geschäft. Es muß wie auf einem arabischen Basar gehandelt werden. Wir brauchen Maniok, Bananen, Obst und vieles andere mehr. Nach unserer Rückkehr ruft mich der Doktor. Er will die Briefe beantworten.

Zunächst drückt er wieder seine Bewunderung über Chruschtschow aus. So ein einfacher, schlichter Mann, er weiß, was Krieg bedeutet. Er hätte nichts in einem Atomkrieg zu gewinnen, aber alles zu verlieren. Er müsse standhaft bleiben.

In Amerika macht ihm der Prozeß gegen Linus Pauling Sorgen. *(Linus*

Pauling, 1901–1994, zweifacher Nobelpreisträger – 1954 für Chemie, 1963 der Friedensnobelpreis für sein Engagement seit 1946 gegen die Nuklearwaffen, Freund Albert Einsteins.) Es handele sich nicht nur um die Bedrohung eines untadeligen Mannes, das offenbare eine ernstzunehmende Strömung in der amerikanischen Gesellschaft gegen die Kritiker der Atomkriegspolitik. Er habe Pauling gewarnt, sich nicht zu sehr zu exponieren, damit nicht gegen ihn vorgegangen werden könne. Chruschtschows Rede in Paris habe ihn sehr beeindruckt. Wer heute von Krieg spreche, vergesse, daß ein atomarer Weltkrieg das Ende der Menschheit sein kann. »Es gibt Dummköpfe, die sagen: Es ist nicht so schlimm, noch können wir abwarten. Oder einige Franzosen, die glauben, für Präsident de Gaulle wäre das nur eine Prestigefrage. Prestigedenken ist angesichts des millionenfachen Todes purer Unsinn. Chruschtschow kümmert sich in einer so ernsten Frage nicht um Prestige. Das ist groß und mannhaft.«

Dann beginnt er mit dem Briefeschreiben. An Ulbricht, an die CDU, an den Kulturbund …

Gegen Mittag informiert er mich, daß er zum Flugplatz wolle, um den amerikanischen Politiker Williams abzuholen. Williams ist Gouverneur von Michigan und in der amerikanischen Administration der Afrika-Experte. Er habe sich angemeldet und wolle mit seiner Sondermaschine in

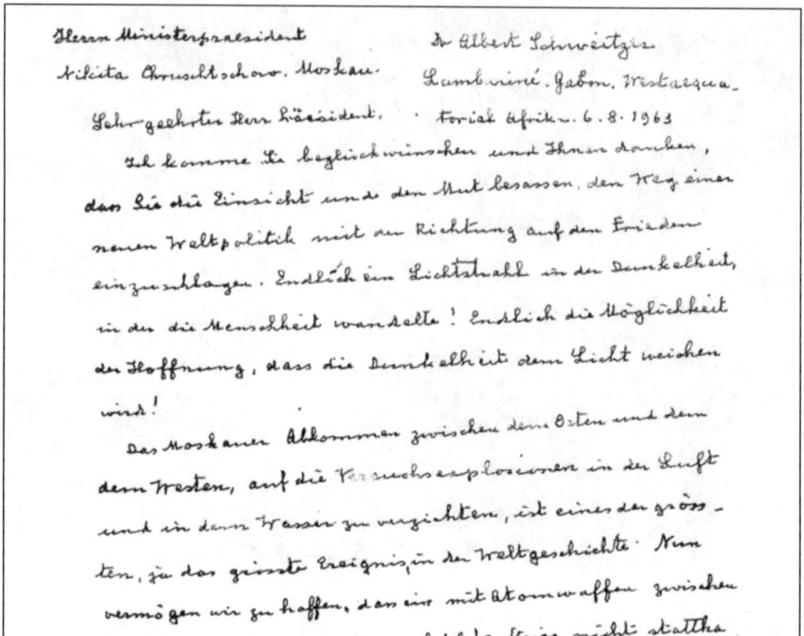

Herrn Ministerpraesident
Nikita Chruschtschow. Moskau.

Dr Albert Schweitzer
Lambaréné. Gabon. Westaequa-
torial Afrika. 6.8.1963

Sehr geehrter Herr Präsident.

Ich komme Sie beglückwünschen und Ihnen danken, dass Sie die Einsicht und den Mut besassen, den Weg einer neuen Weltpolitik mit der Richtung auf den Frieden einzuschlagen. Endlich ein Lichtstrahl in der Dunkelheit, in der die Menschheit wandelte! Endlich die Möglichkeit der Hoffnung, dass die Dunkelheit dem Licht weichen wird!

Das Moskauer Abkommen zwischen dem Osten und dem Westen, auf die Versuchsexplosionen in der Luft und in dem Wasser zu verzichten, ist eines der grössten, ja das grösste Ereignis in der Weltgeschichte. Nun vermögen wir zu hoffen, dass ein mit Atomwaffen zwischen dem Osten und dem Westen geführter Krieg nicht stattha-ben wird.

Als ich Kenntnis von dem Moskauer Abkommen nahm, musste ich an meinen Freund Albert Einstein denken, mit dem ich in den Kampf gegen die Atomwaffen eintrat. Er starb in trostloser Hoffnungslosigkeit, in Princeton, in der Fremde. Ich aber darf auf Grund Ihrer Einsicht und Ihres Mutes, feststellen, dass die Menschheit den ersten Schritt auf dem Wege, der zum Frieden führt, getan hat.

In tiefer Dankbarkeit Ihr ergebener
Albert Schweitzer

Brief Albert Schweitzers an Nikita Chruschtschow vom 6. August 1963. Das Schreiben schickte er nach Berlin an Gerald Götting, da er offenkundig der sowjetischen Post nicht traute, vor allem aber, weil für ihn Götting die wichtigste Kontaktperson in der östlichen Hemisphäre war. Götting trug den Brief in die UdSSR-Botschaft in Berlin, von dort ging es per Kurier nach Moskau.

Lambaréné einen Zwischenstopp einlegen, um mit Schweitzer zu sprechen. Schweitzer meint, das sei ein vernünftiger Mann, der gehöre nicht zu den Verrückten und Atomkriegsvertretern, er wolle ihn in seiner Ansicht bestärken. Er bittet mich, nicht in Anwesenheit von Williams die deutsche Frage aufzuwerfen, da das keine harmonische Diskussion geben dürfte. Die Amerikaner würden in dieser Frage auch von Westdeutschland erpreßt.

Dann kommt Schweitzer noch auf unser geplantes Büchlein zu sprechen. Er gibt mir zwei Bücher von ihm, aus denen ich geeignete Zitate auswählen solle. Er unterstreicht sein großes Interesse an dieser Publikation und will seinem Verleger schreiben, um dessen Zustimmung zu erwirken. Er erteilt mir erneut die Erlaubnis, seine Bücher ins Russische, Polnische, Tschechische etc. übersetzen zu lassen. Dabei solle man mit seinem Buch »Aus meinem Leben und Denken« beginnen, weil das am verständlichsten sei.

Williams verspätet sich, er landet erst am späten Nachmittag. Der Amerikaner wird von zwei Personen begleitet. Er besichtigt das Hospital und führt, da er keine Zeit hat, nur ein kurzes Gespräch mit Schweitzer.

Am Tag zuvor, am 5. August 1963, hatten die Atommächte UdSSR, USA und Großbritannien erstmals ein Abkommen über Nuklearwaffen geschlossen. Sie wollten ihre Atomtests in der Atmosphäre, im Wasser und über der Erdoberfläche einstellen; unterirdische Tests blieben davon unberührt. 36 Jahre später, im Oktober 1999, verweigerte die US-Administration von Präsident George W. Bush jenem von seinem Vorgänger J. F. Kennedy mit Moskau ausgehandelten Moratorium, dem bereits 154 Staaten beigetreten waren, ihre Zustimmung. Die Welt reagierte bestürzt. Das russische Außenministerium sprach »von einem schweren Schlag gegen das gesamte System von Vereinbarungen im Bereich der nuklearen Abrüstung und Nichtweiterverbreitung«. In der Entscheidung des Senats setze sich eine Tendenz in den USA fort, »die Grundlagen der internationalen Beziehungen zu destabilisieren«. Das Moskauer Verteidigungsministerium sprach von einem »gefährlichen Präzedenzfall«. Das System der Kontrolle und Nichtweiterverbreitung von Atomwaffen könne aus dem Gleichgewicht geraten. Auch die Bundesrepublik Deutschland reagierte mit großer Enttäuschung. Übereinstimmend hieß es bei SPD, Grünen und CDU/CSU, diese Entscheidung sei »ein schwerer Rückschlag für den Kampf um die Nichtverbreitung von Nuklearwaffen«.

Ich schreibe bis 5 Uhr Briefe und lese in den Büchern. Als Williams weg ist, läßt mich Schweitzer rufen. Er ist sichtlich enttäuscht. Der Amerikaner habe ihn nur sehen wollen, weil er inzwischen zu den afrikanischen Sehenswürdigkeiten gehöre. Er habe ihn auf die Atomkriegsgefahr hin-

weisen wollen, doch Williams habe kein ernsthaftes Gespräch weder in dieser noch in einer andere Sache führen wollen. Er hätte nur die üblichen Touristenfragen gestellt. »So sind sie, die Amerikaner.«

Dann macht er sich wieder ans Briefeschreiben. Ich werde Zeuge, wie mühsam das inzwischen für ihn ist.

Ich komme noch einmal auf die Veröffentlichungen in den sozialistischen Ländern zu sprechen. »Meine Ethik und ihre Forderungen stehen über den Religionen, und ich kann mir nichts Besseres wünschen, als sie in die Länder des Ostens hineingetragen zu sehen.«

Das Abendessen unterbricht die Schreibarbeit, die er dann bis 11 Uhr fortsetzt.

Donnerstag, 10. August

Ein trüber Wintertag. Am Himmel hängen die Wolken tief, es will nicht richtig hell werden. Ich spüre jetzt auch diese melancholische Stimmung, die der Doktor als so unangenehm geschildert hatte.

Nach dem Frühstück bittet er mich in sein Zimmer. Er plaudert fröhlich aus seinem Leben. »Als ich einmal von Basel nach Straßburg fuhr, da war der Zug sehr voll. Ich hatte einen Platz, weil ich immer rechtzeitig komme. Als sich eine Dame näherte, stand ich auf und bot ihr meinen Platz an. ›Danke‹, sagte sie, ›ich nehme ihn nicht für mich, sondern für mein Väterchen. Er kommt jetzt in die Jahre.‹ Dann erschien ein Mann von 50 Jahren und setzte sich. Ich war 74. Er hielt es aber für das Selbstverständlichste auf der Welt, daß man ihm einen Platz anbot.«

Plötzlich springt Schweitzer auf und eilt hinaus. Er hatte durch das Gaze-Fenster gesehen, wie ein Afrikaner einen vollen Wagen mit Steinen allein den Berg hinunterlaufen ließ. Erstmals erlebte ich Schweitzer zornig. Er hatte angeordnet, daß aus Sicherheitsgründen drei Mann den Karren halten und bremsen sollten.

An eine Fortsetzung des Gespräches ist nicht zu denken, er ist sehr erregt. Ich gehe zu Mathilde Kottmann. Gegen Mittag besuche ich noch Frau Martin, die Schweitzers Büro in Günsbach leitet. Es ist ein nettes Gespräch. Sie hat viele persönliche Fragen. Zum Abschluß schenkt sie mir einen kleinen schwarzen Elefanten aus Ebenholz und bittet mich, mit Herrn Kik Verbindung zu halten. Ich solle ihm wichtige Informationen und Bücher für das Archiv schicken.

Beim Mittagessen erzählt mir Schweitzer noch eine Geschichte. Ein

Ziemlich fertig: Götting, Havemann und Siegfried Neukirch, Januar 1960

amerikanischer Freund bittet ihn um einen Ratschlag, was er tun solle. Er habe ihm geantwortet: Das Maul aufreißen! Wenn die Zeitungen schweigen, müsse man sprechen und immer wieder Lärm machen.

Nach der Siesta schreibe ich und besuche Fräulein Kottmann. Sie fragt nach der Lage der Kirchen in Lettland. Wahrscheinlich hatte der dortige Bischof, dem ich mein erstes Reisebuch geschickt hatte, dem Doktor geschrieben.

Freitag, 11. August

Nach dem Frühstück unternehme ich einen letzten Spaziergang über das Spitalgelände. Wehmut erfaßt mich. Der Abschiedsschmerz bezieht sich nicht nur auf die bevorstehende Abreise. Die Götterdämmerung, die über dem Ort liegt, ist deutlich wahrzunehmen. Bald wird auch hier nichts mehr so sein, wie es augenblicklich noch ist. Die Zeit hat den einstigen Pionier der Menschlichkeit, der zum Vorbild der Weißen in Afrika wurde, weil er als Christ und Mensch half, endgültig überrollt. Am Ende seiner Tage ist er zwar zu einem ehrenwerten, aber eben doch Denkmal der untergehenden Kolonialzeit geworden. Irgendwie scheint ihm das bewußt zu sein: Nicht grundlos bewertet er im Gespräch mit mir die von ihm formulierten ethischen Maximen und Forderungen höher als seine tatsächliche humanitäre Leistung in Lambaréné.

Es hat etwas Symbolisches, wie ungezwungen und eigenständig seine Tochter Rhena, mehr noch aber die beiden Enkelinnen sich geben. Sie scheinen, obgleich oder weil sie sich wie zu Hause fühlen, die Gepflogenheiten und Regeln im Spital nicht sonderlich ernst zu nehmen.

Schweitzer schenkt mir zum Abschied ein Kästchen für den Schreibtisch. Leprakranke haben es aus rotem Okuméholz geschnitzt. Er schreibt eigenhändig »Lambaréné« auf eine glatte Fläche. Dann überreicht er mir noch ein Buch mit einer Widmung. Ich bin gerührt, zumal ich mich bereits durch unsere Bekanntschaft und die Offenheit unserer Gespräche hinlänglich ausgezeichnet fühle. Doch er kommt mir zuvor. »Ich bin sehr glücklich, in meinem Alter neue Freunde gewonnen zu haben.«

Ich verabschiede mich von Fräulein Kottmann, Ali Silver, Frau Martin und all den anderen, die wir in dieser Woche haben kennenlernen können. Friedmann bestätigt, was ich auch von anderen bereits zu hören bekam: »Seit langem hat den Doktor kein Besuch so belebt und erfreut wie euer kurzer Aufenthalt.«

Die Piroge wartet, das Handgepäck ist verstaut. Albert Schweitzer begleitet uns zum Fluß. Er drückt mir ein letztes Mal die Hand und wünscht mir »eine glückliche Hand« bei der Verbreitung seines Buches »Die Lehre von der Ehrfurcht vor dem Leben« in Europa. Wir ahnen, daß es vermutlich ein Abschied für immer sein wird.

Er steht noch lange am Ufer und winkt uns hinterher. Dann umfängt uns nur noch der melancholische Gesang der Ruderer und das Rauschen des Wassers an der Bordwand.

Eine kleine Maschine der Gabon Air bringt uns nach Libreville. Dort erwartet uns bereits Siegfried Neukirch. Er ist mit dem LKW und dem Gepäck vorausgefahren.

Die Linienmaschine der Air France nach Paris ist ausgebucht.

Am Montag, dem 14. August, gehe eine Maschine von Brazzaville nach Frankreich, heißt es. Wir sollen versuchen, in den Kongo zu kommen.

Es gibt keine freien Betten in der Stadt, die wenigen Hotels sind ausgebucht: wegen der bevorstehenden Unabhängigkeitsfeiern von Gabun.

Im Hotel treffen wir auf den sowjetischen Botschafter Solot aus Ghana, den ich in Conakry kennengelernt hatte. Er ist ebenfalls Gast der Staatsfeierlichkeiten. Er lädt uns zum Essen und zum großen Palaver ein. Er hat zwei gabunesische Studenten im Schlepptau, die zu seiner Betreuung abgestellt sind. Ein Bett hat er auch nicht.

Wir verbringen auch die Nacht zum 13. August 1961 auf unbequemen Bänken in der Lobby des Centralhotels …

Zur selben Zeit ist in Berlin der Teufel los. Um Mitternacht kappt die DDR alle Verkehrsverbindungen zu Westberlin, schließt die Übergänge und befestigt die sogenannten Sektorengrenzen. In den folgenden Wochen wird gemäß den Vorgaben sowjetischer Militärs auf 162 Kilometern ein Grenzregime installiert – mit einer Mauer.

Gerald Götting und seine Begleitung treffen am Dienstag, dem 15. August, in Orly bei Paris ein. Bei ihrer Ankunft werden sie bereits auf dem Flugfeld von einem Deutschen angesprochen. In Berlin tobe wahrscheinlich der Bürgerkrieg, sagt er aufgeregt, das Ostberliner Regime habe versucht, Westberlin dichtzumachen. Die drei sollten in Paris bleiben und die weitere Entwicklung abwarten,

Verabschiedung am Flußufer von Lambaréné

er könne ihnen aber auch bei der Weiterreise in die Bundesrepublik behilflich sein. Götting fragt, ob Berlin weiterhin von den internationalen Luftfahrtgesellschaften angeflogen werde. Das wird bestätigt: Der gebuchte Flug mit der LOT nach Berlin-Schönefeld werde planmäßig erfolgen.
Na sehen Sie, sagt Götting zu dem westdeutschen Diplomaten. Sie würden erst einmal in Berlin nach dem Rechten schauen. Und wenn dort wirklich das Chaos herrsche, wie er sage, könne er ja noch immer auf sein freundliches Angebot zurückkommen.
Ein Vertreter der französischen Securité bringt sie durch die Stadt zum Flugplatz Le Bourget. Der freundliche Herr verabschiedet sich erst, als die drei im Flugzeug nach Berlin sitzen. Sicher ist sicher.
In Berlin wird Götting von Sepp Schwab vom Außenministerium begrüßt und über die aktuelle Entwicklung unterrichtet. Wenig später findet eine Sitzung des Staatsrates statt. In der aktuellen Zeitung liest Götting, daß er den Maßnahmen am 13. August zugestimmt habe.
Die Staatsratssitzung ist kurz. Die Informationen des Vorsitzenden werden zur Kenntnis genommen, nicht diskutiert. Man verläßt den Sitzungsssaal, Ulbricht und Götting stoßen zusammen, Da die Sitzung so kurz war, ist Ulbrichts Fahrer noch nicht da. Ulbricht fragt Götting, ob er ihn mitnehmen könne. Dieser sagt ja, obgleich er in die CDU-Zentrale in Berlin-Mitte will und nicht nach

Pankow, wo Ulbricht hinmöchte. Er sagt also seinem Fahrer: Ins Städtchen nach Pankow. Wann kann man schon einmal mit Walter Ulbricht gemeinsam Auto fahren?
Götting sprich ihn höflich wegen seiner Unterschrift an. »Hören Sie, ich war doch gar nicht im Lande und habe auch nicht an der Sitzung mit den Vorsitzenden der Blockparteien teilgenommen, Wie konnte ich da zustimmen?«
Ulbricht darauf: »Hätten Sie etwa nicht zugestimmt?«
Götting nickt.
»Na sehen Sie, dann ist doch alles in Ordnung.«
Und dann berichtet Walter Ulbricht über seinen eigenen Unmut. Er habe Ende Mai in Moskau mit Chruschtschow über die Berlin-Frage und die fortgesetzte Abwanderung der Ostdeutschen gesprochen und diesem erklärt, daß die DDR große Hoffnung in sein Treffen mit Kennedy am 3./4. Juni in Wien setze. Man müsse die USA unbedingt für einen Friedensvertrag gewinnen. Das schaffe eine neue völkerrechtliche Lage mit allen Konsequenzen. Mit eigener Staatsbürgerschaft und Souveränität für beide deutsche Staaten, Dann könnten wir unter- und miteinander unsere Probleme lösen. Man könne schließlich, so habe er ironisch hinzugefügt, nicht eine Mauer um Westberlin ziehen, damit kein Ostdeutscher mehr dorthin flüchten könne.
Chruschtschow habe in Wien bekanntlich das Ziel nicht erreicht, er sei eben kein Diplomat.
Umso erstaunter sei er jedoch gewesen, als Chruschtschow auf dem Treffen der Parteichefs am 3. August in Moskau plötzlich erklärte, der Genosse Ulbricht habe ihm vorgeschlagen, um Westberlin eine Mauer zu ziehen. Was nicht stimmte. Er hatte das weder vorgeschlagen noch gewünscht.
Götting sah, das Ulbrichts Betroffenheit echt und keineswegs gespielt war.
Er, Ulbricht, habe natürlich kaum widersprechen oder gar dementieren können, Weder in diesem Kreis noch öffentlich. Und jetzt schon gar nicht, wo sich selbst der Westen offenkundig erleichtert zeige, weil auf diese Weise die Berlin-Krise entschärft und die Lage in Europa geklärt worden wäre …

Götting übergibt ihm das Antwortschreiben Schweitzers. Ulbricht liest. »Das veröffentlichen wir. Aber nicht sofort. Es darf auf keinen Fall der Eindruck entstehen, als würden wir Schweitzer als Kronzeugen für die Grenzmaßnahmen benutzen.«
Erst am 25. August druckt das »Neue Deutschland« den Brief des Friedensnobelpreisträgers an das DDR-Staatsoberhaupt.

Nachtrag

Aus diesen beiden Besuchen entwickelt sich eine intensive Beziehung. Schweitzer und Götting korrespondieren regelmäßig und tauschen sich über alle wichtigen Fragen aus.

Götting wirbt für Schweitzers Idee auf sehr unterschiedliche Weise und auf verschiedenen Feldern. Es konstituiert sich1963 ein Albert-Schweitzer-Komitee beim Präsidium des DRK, das im wesentlichen die ostdeutsche Hilfe für das Urwaldhospital in Lambaréné koordiniert. Zum 100. Geburtstag des Friedensnobelspreisträgers beispielsweise, im Januar 1975, wird die Organisation befriedigt feststellen, nicht nur viel für die Verbreitung des geistigen Erbes von Schweitzer unternommen, sondern auch schon 28 Hilfssendungen in die Einrichtung am Ogowe geschickt zu haben. Das waren – neben Medikamenten und medizinischen Einrichtungen – vor allem Wäsche, Bekleidung, Spielwaren, Haushaltartikel und Büromaterial. Das meiste wurde mit Spenden aus der Bevölkerung finanziert.

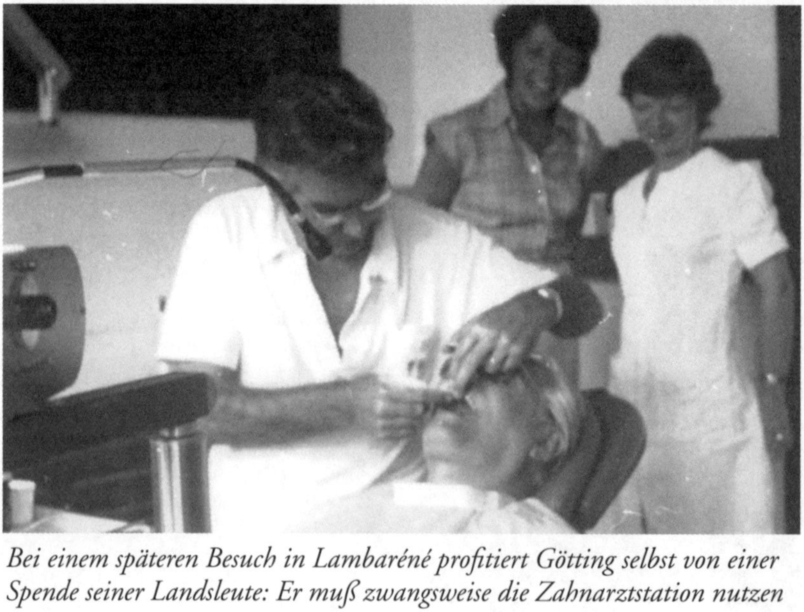

Bei einem späteren Besuch in Lambaréné profitiert Götting selbst von einer Spende seiner Landsleute: Er muß zwangsweise die Zahnarztstation nutzen

Bei seinen Werbe-Vorträgen, die Götting mit Anekdoten aus den beiden Besuchen garniert, erzählt er jedoch die nachfolgende nicht.

Während der zweiten Reise hatte er, bevor er nach Berlin zurückkehrte, in der Hauptstadt einen Termin bei Gabuns Präsidenten León M'ba. Die Visite besaß Höflichkeits-Charakter und war mit keinen politischen Absichten verbunden. Götting hielt es jedenfalls für angezeigt, als stellvertretendes Staatsoberhaupt eines europäischen Landes nicht klammheimlich ein- und auszureisen.

M'ba, um die 60, war einst Bürgermeister von Libreville und gehörte der ethnischen Gruppe der Fang an, die im Norden des Landes und im benachbarten Äquatorialguinea leben. Bis zum Februar war er, fast vier Jahre lang, Premierminister, seit der Unabhängigkeit von Frankreich am 17. August 1960 war er nunmehr Staatspräsident. Im Februar hatte es einen Militärputsch gegeben, doch Frankreich hatte diesen in wenigen Tagen niedergeschlagen und M'ba wieder in sein Amt eingesetzt.

Im August 1961, als er Götting empfing, war er also wieder im Besitz seiner Macht. Er gab sich freundlich und aufgeschlossen und erkundigte sich interessiert nach Göttings Eindrücken. Dieser berichtete freimütig und verweigerte auch nicht die Auskunft auf M'bas Frage, wie es »dem Alten« gehe. Er schätze ihn sehr, fände seine Arbeit wichtig und notwendig und sei voller Respekt.

Persönlich, erklärte Gabuns Staatsoberhaupt, verstehe er sich mit ihm ganz gut, auch wenn sie gelegentlich Meinungsverschiedenheiten hätten. Welcher Art die waren, verschwieg M'ba jedoch. Und dann begann er zu insistieren. »Er hat sicher schlecht von mir geredet?«

Götting bestritt dies, weil er sich an keine entsprechende Äußerung Schweitzers erinnern konnte.

»Na«, sagte M'ba zweifelnd, »er hat Ihnen doch bestimmt erklärt, daß ich ein Menschenfresser sei? Das bin ich nämlich in seinen Augen.«

Nein, antwortete Götting sichtlich überrascht, dergleichen habe der Doktor nie erklärt, auch nicht andeutungsweise. Gleichwohl weckte M'ba mit dieser Äußerung seine Neugier. Nun war es an ihm, undiplomatisch zu insistieren. »Warum sollte er das behaupten?«

M'ba lächelte. »Ich hatte ihm einmal erzählt, daß ich als kleiner Junge – lange bevor er 1913 in unser Land kam – meinen Großvater verloren habe. Es war bei unserem Stamm Brauch, daß man einen Teil des Herzens eines Verstorbenen aß. Das war eine heilige Handlung. Man glaubte, daß dadurch die Kraft, der Mut und die Weisheit auf die Nachgeborenen übergehe. Natürlich habe auch ich es getan. Und das habe ich einmal Albert Schweitzer erzählt. Gelegentlich wirft er mir das vor. Ich dachte, er habe es Ihnen erzählt.«

Nein, das hatte er nicht. Schweitzer sah keinen Anlaß, M'ba auf diese Weise zu desavouieren.

Im Vorfeld des 90. Geburtstages von Albert Schweitzer engagierte sich Götting in Berlin, daß die Post zum 14. Januar 1965 einen Satz Briefmarken inklusive Sonderstempel und Ersttagsbrief edierte.

Schweitzer quittierte den Empfang der Sondermarken dankbar und hocherfreut. Er richtete bereits vor der Emission ein Schreiben an den zuständigen Minister in Berlin und tadelte ein wenig launig: »Wenn ich eitel werde in meinem Alter, tragen Sie die Verantwortung. Aber was Sie getan haben, bewegt mich tief. Ihr Land ist ja so gütig für mein Spital und erweist mir so viel Liebe. Die drei Bilder, die für die Briefmarken in Betracht kommen, sind sehr natürlich und lebendig. Wollen Sie, bitte, der

Ersttagsbrief, Sonderstempel und Sondermarken am 14. Januar 1965

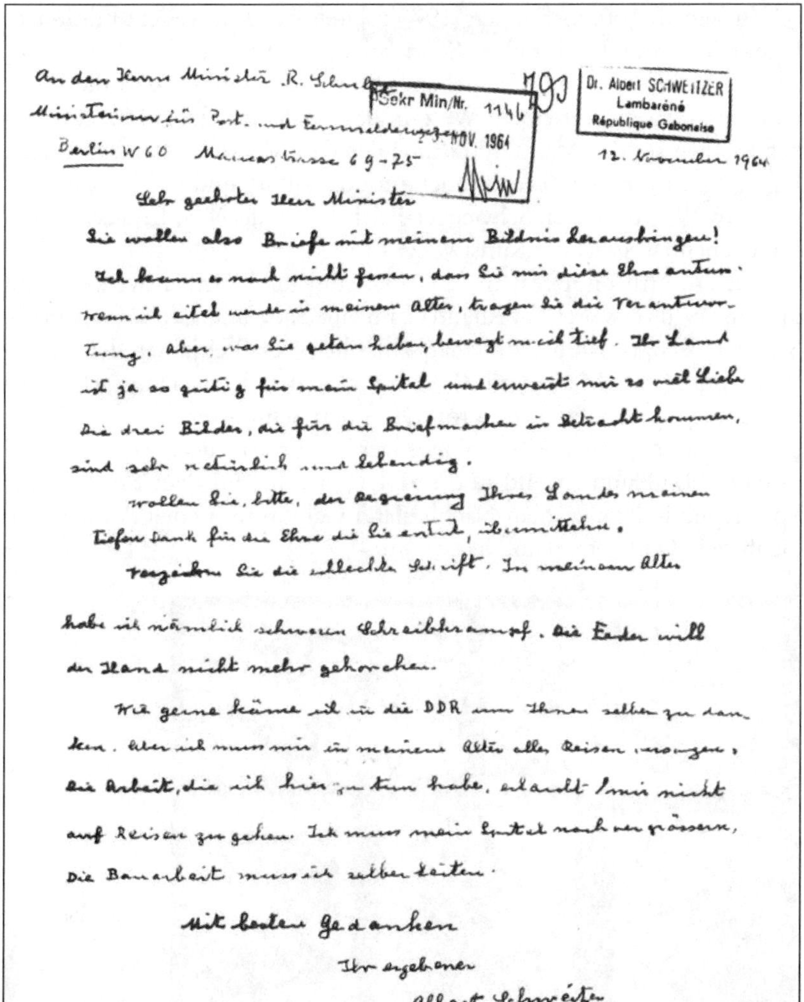

An den Herrn Minister R. Schulze
Ministerium für Post- und Fernmeldewesen
Berlin W 60 Mauerstrasse 69-75

Sekr Min/Nr. 1146 2?. NOV. 1964

Dr. Albert SCHWEITZER
Lambaréné
République Gabonaise

12. November 1964

Sehr geehrter Herr Minister

Sie wollen also Briefe mit meinem Bildnis herausbringen!
Ich kann es noch nicht fassen, dass Sie mir diese Ehre antun. Wenn ich eitel werde in meinem Alter, tragen Sie die Verantwortung. Aber, was Sie getan haben, bewegt mich tief. Ihr Land ist ja so gütig für mein Spital und erweist mir so viel Liebe. Die drei Bilder, die für die Briefmarken in Betracht kommen, sind sehr natürlich und lebendig.

Wollen Sie, bitte, der Regierung Ihres Landes meinen tiefen Dank für die Ehre die Sie entbieten, übermitteln.

Verzeihen Sie die schlechte Schrift. In meinem Alter habe ich nämlich schweren Schreibkrampf. Die Feder will der Hand nicht mehr gehorchen.

Wie gerne käme ich in die DDR um Ihnen selber zu danken. Aber ich muss mir in meinem Alter alles Reisen versagen. Die Arbeit, die ich hier zu tun habe, erlaubt mir nicht auf Reisen zu gehen. Ich muss mein Spital noch vergrössern. Die Bauarbeit muss ich selber leiten.

Mit besten Gedanken

Ihr ergebener

Albert Schweitzer

Regierung Ihres Landes meinen tiefen Dank für die Ehre, die Sie entbieten, übermitteln.« Und den Brief, den zu schreiben ihm wegen seiner Hand, die ihm »nicht mehr gehorchen« will, sichtlich schwerfällt, beendete er mit dem Satz: »Wie gerne käme ich in die DDR, um Ihnen selber zu danken. Aber ich muß mir in meinem Alter alles Reisen versagen.«

Zu seinem 100. Geburtstag 1975 folgten weltweit weitere Editionen. Frankreich ehrte ihn mit einer Sondermarke und nutzte die Gelegenheit, einen Spendenzuschlag zu erheben. Die Bundesrepublik und die DDR erinnerten jeweils mit einem Wert an das Jubiläum. Ungarn brachte sieben Marken auf den Markt und Rumänien eine Marke mit Sonderstempel. In der Türkei, in den Niederlanden, in Luxemburg und in Monaco – wo übrigens 1955 die ersten Schweitzer-Briefmarken der Welt herauskamen – gab es ebenfalls gezähnte Kunstwerke.

Auch in Afrika nutzte man den Anlaß, um auf das Lebenswerk und auf die Person zu verweisen. In Ruanda kam eine Serie mit acht Werten an die Schalter. Bereits 1966 hatte man anläßlich des Weltjahres der Lepra-Bekämpfung zwei Marken mit Porträts von Ärzten dort herausgegeben, die eine zeigte das Konterfei von Prof. Dr. Albert Schweitzer.

In Zaire zeigte man Albert Schweitzer im kurzärmeligen weißen Hemd in einem Einbaum sitzend und mit Tropenhelm auf dem Kopf, in der Volksrepublik Kongo, dem Nachbarland Gabuns, mit einer Afrikanerin, die ihr Kind auf dem Schoß hat.

Weltweit wird der Urwaldarzt aus Lambaréné in der Folgezeit auf Briefmarken geehrt

In Niger kam eine Sonderbriefmarke, ebenfalls in Dahomey (das gerade in Benin umbenannt worden war und dessen Marke trotzdem noch den Aufdruck »Rep. Dahomey« trägt). Togo brachte vier Marken mit Schweitzer heraus, Mali und Mauretanien jeweils eine. Ebenso Senegal und Gambia. Liberia edierte sechs Werte und einen Block, den ersten, den es überhaupt auf der Welt gibt. Gabun, seine zweite und vielleicht wahre Heimat, ehrte ihren einst ältesten Staatsbürger mit einer mehrfarbigen Dank-Briefmarke.

Albert Schweitzer erhielt täglich unzählige Briefe mit der Post, die er bis an sein Ende handschriftlich beantwortete. Welche mitunter abseitigen Wünsche einige Schreiben enthielten, bekam Götting während seines zweiten Aufenthaltes mit. Über einen besonders aberwitzigen Vorgang berichtete 1978 der stellvertretende Direktor des Märkischen Museums zu Berlin in der »Weltbühne«. Seinem Haus, das seit 1958 eine Gerhart-Hauptmann-Gedächtnis- und Forschungsstätte unterhielt, war ein Antwortschreiben Schweitzers übergeben worden, das dieser am 4. Oktober 1962 aufgesetzt hatte. Ein 70jähriger Berliner hatte dem 87jährigen Schweitzer ein Manuskript nach Lambaréné geschickt und ihn um eine Stellungnahme gebeten. Albert Schweitzer antwortete:

Es tut mir leid, daß Sie es für nötig hielten, mich zu fragen, ob Sie ›Ich besuchte Gerhart Hauptmann‹ veröffentlichen sollten. Ich bin ja ein armer Kerl. Seit Jahren kann ich meine Korrespondenz nicht mehr bewältigen, obwohl ich jeden Tag von 6 Uhr abends an bis Mitternacht Briefe lese und schreibe, auch den ganzen Sonntag damit zubringe, und drei Pflegerinnen mir in der Korrespondenz helfen […] Sie ist ein Chaos geworden, in dem ich mich nicht mehr zurechtfinde. Mit meinen überanstrengten Augen zu schreiben, bedeutet eine Anstrengung für mich. Ich habe keinen Platz, die Briefe aufzuheben […] Wenn ich antworten will, muß ich sie aus dem Chaos herausholen, was mir oft nicht einmal gelingt, trotz aller geopferten Zeit und aufgewandter Anstrengung. Also seien Sie lieb mit mir und verzeihen Sie mir.
Natürlich sollten Sie den Text veröffentlichen, und die Zitatdiamanten auch! Wir Studenten in der Zeit, da seine Werke in den letzten Jahren des zu Ende gehenden Jahrhunderts erschienen, warteten in Straßburg auf das Erscheinen des neuen Werkes Hauptmanns und die Professoren mit uns. Denn der Geist, der in seinen Werken waltete, ergriff uns. Es war die Idee der Humanität, der in ihnen waltete und zu uns redete. Wir waren davon erschüttert. Es war

etwas Neues, Unerwartetes. Für mich waren es Tolstoi und Gerhart Hauptmann, die mir Kultur boten. Ich bin ihnen dafür dankbar geblieben. Es hat mich erschüttert, als ich am Ende des zweiten Krieges erfuhr, daß er gestorben war. Von Ihnen erfuhr ich, wie es ihm in der letzten Zeit erging. Was muß er in der Hitlerzeit gelitten haben, wo Geist sich nicht mehr regen durfte! Wie schön, daß Haus Seedorn eine Gedächtnisstätte geworden ist […]
Ich finde die gekürzte Ausgabe gut. Ich weiß nicht, was eine längere Fassung besser machen könnte.
Nun erlauben Sie mir eine Bemerkung. Auf Seite 5 würde ich in dem Satz über Sauckel (NSDAP-Gauleiter Thüringen, wurde in Nürnberg als Nazi- und Kriegsverbrecher verurteilt – d. Hrsg.) *die Worte des Bedauerns, daß er nur einmal gehängt wurde, streichen.*
Weiter würde ich ihn (Hauptmann – d. Hrsg.) *nicht immer mit Meister im Texte anreden. Ich weiß, daß er sich Meister nennen ließ. Aber man empfindet es als etwas Unnatürliches. Es stört beim Lesen. Glauben Sie mir. Sie*

können ›Meister‹ im Text ohne Schwierigkeiten auslassen. Überlegen Sie und fragen Sie noch Freunde.
Verzeihen Sie, daß ich dies zur Sprache bringe – Er war Prophet der Humanität und bleibt es!
Mit besten Gedanken Ihr ergebener Albert Schweitzer.
Ich danke Ihnen, daß ich das mir gesandte Exemplar behalten darf. – Wunderbar klingt der alte Name, den Sie führen: Paul Gerhart Raspe.

Vermutlich hatte dieser Name den hochbetagten Briefeschreiber zum Antworten genötigt. Paul Gerhardt (1607-1676) ist einer der bekanntesten Kirchenliederdichter, die meisten seiner rund 130 Choräle wurden in viele Sprachen übertragen. Zu seinen populärsten Stücken rechnen »Geh aus mein Herz und suche Freud«, »Ich singe dir mit Herz und Mund«, »Ich steh an Deiner Krippen hier«, »Lobet den Herren«, »O Haupt voll Blut und Wunden«, das Bach in seiner Matthäus-Passion verwandte, und eben jenes »Nun ruhen alle Wälder«, das Schweitzer so gern in Lambaréné anstimmte.

Gerald Götting und Albert Schweitzer tauschten in den folgenden Jahren Dutzende Briefe aus. Der Ostdeutsche versorgte ihn zudem mit Neuig-

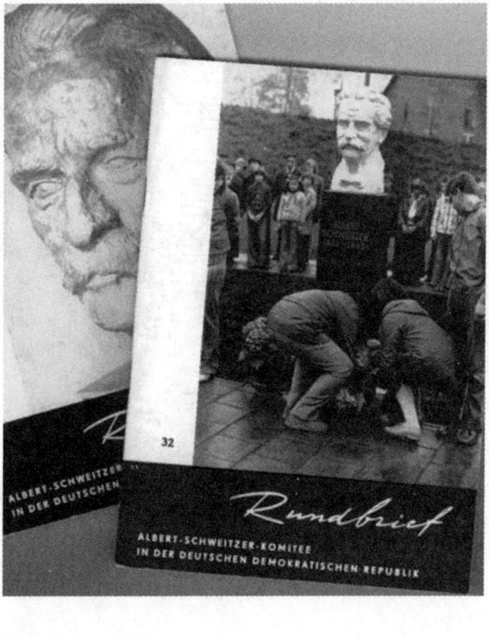

Seit 1963 erscheint regelmäßig der »Rundbrief« des Albert-Schweitzer-Komitees bis zum heutigen Tage. Bis 1991, 28 Jahre lang, verantwortete ihn Prof. Dr. Gerhard Fischer

keiten aus Europa und aktuellen Büchern. Wie stets reagierte der Hochbetagte umgehend und höflich. So meldete er sich am 20. Mai 1965 bei Götting, der ihm wieder einmal eine Publikation aus eigener Feder geschickt hatte.

Lieber Freund
Eben habe ich Deinen zweiten Band über mich zu Ende gelesen, und komme, Dir meinen Dank für ihn aussprechen. Was Du in diesem zweiten Band berichtest, hat mich tief ergriffen. Du berichtest genau und lebendig. Ich weiß nicht wie Dir danken. Du hast unser Zusammenleben dargestellt. Ich kann Dir nicht schreiben, wie ich möchte. Ich leide schwer unter dem Schreibkrampf. Auch meine überanstrengten Augen machen mir das Lesen und Schreiben schwer. Verzeih also, daß ich Dir nur so schreiben und danken kann. Aber Du weißt, was dieses Buch für mich bedeutet.
Werden wir uns je wiedersehen? Wie trostlos ist es, daß Du kein Visum mehr erhalten wirst, nur weil Du in der DDR wohnst. Dies alles ist ja unbegreiflich.

Götting und Havemann bei Holzfällern im Urwald, 1960.
Noch heute werden etwa 80 Prozent der Landesfläche (knapp 270.000 km²) von tropischem Regenwald bedeckt. Gabun gilt unverändert als einer der größten Exporteure von Holz auf dem afrikanischen Kontinent

Es geht mir gut, nur daß ich jetzt auch meine Augen schonen muß. Ich habe sie in der Zeit meines 90. Geburtstages überanstrengt. Zur Zeit muß ich wieder ein neues Gebäude für die Kranken erstellen. Wir haben 520 Betten für die Kranken, und dies genügt nicht mehr. Zum Glück ist das Gelände des Spitals so groß, daß ich Platz für ein neues Gebäude haben kann, ohne Schwierigkeiten. Alles geht gut im Spital.
Herzlich, Dein Albert Schweitzer
Die Abbildungen sind herrlich. Wie hast Du das alles aufnehmen können?

Patienten warten vor dem Spital auf ihre Behandlung

Daß Götting nicht, wie beabsichtigt, zum 90. Geburtstag Schweitzers reisen konnte, lag in der Tat am fehlenden Visum, und es zeichnete sich auch nicht ab, daß es ihm erteilt werden würde. Hintergrund waren neuerliche Unruhen in Gabun, die das Land erschütterten. Im Vorfeld der Präsidentenwahlen wollte das Militär León M'ba stürzen, und nur durch die Intervention Frankreichs – die ehemalige Kolonialmacht schickte ihre Fallschirmjäger – konnte die Ruhe im Lande wiederhergestellt und M'ba im Amt gehalten werden.

Götting telegrafierte Ende des Jahres 1964 dem Präsidenten in Gabun und bat um ein Einreisevisum. Er erhielt ein höfliches Nein. Hintergrund waren vermutlich auch die aktuellen Auseinandersetzungen bei den Nachbarn. Unmittelbar an Gabun grenzten, links und rechts des Kongo gelegen, das kleinere »Kongo-Brazzaville«, einst eine französische Kolonie, und »Kongo-Leopoldville«, eine ehemalige belgische Kolonie. Der eine Staat nannte sich Volksrepublik Kongo, der andere Demokratische Republik Kongo. Die kleine Volksrepublik verfolgte, angeblich, eine sozialistische Orientierung. Mit Hilfe belgischer, britischer und US-Truppen setzte im November 1964 Tshombe (Kongo-Leopoldville) der Entwicklung dort ein Ende. Damit begannen Jahre politischer und ethnischer Unruhen.

M'ba fürchtete offenkundig, durch zu intensive Kontakte mit Ost-

Besucher besichtigen die weitläufige Anlage des Urwaldhospitals

deutschland in die globalen Auseinandersetzungen des Kalten Krieges hineinzugeraten, und verweigerte Götting die Einreise.

Das durchkreuzte nicht nur dessen Pläne. Nach Rücksprache mir Walter Ulbricht, der ihm die Übermittlung persönlicher Grüße und Wünsche an Albert Schweitzer aufgetragen hatte, sollte Götting diesmal über Rom fliegen, um als Ulbrichts Sonderbotschafter in einer Privataudienz bei Papst Paul VI. mit diesem politische Gespräche zu führen.

Dieser Weg mußte deshalb gewählt werden, weil das offizielle Rom Götting die Einreise in Italien verweigerte. Dem seit dem Vorjahr amtierenden Papst war bereits aus Berlin ein Telegramm geschickt und der CDU-Politiker Götting avisiert worden. Dieser wolle ausloten, wie ernst der Heilige Vater es mit seiner wiederholt erklärten Ablehnung der Atomwaffen meinte.

Unmittelbarer Auslöser für diesen Wunsch in Berlin war die Reaktion Pauls VI. auf eine diplomatische Intervention aus Bonn, er solle es unterlassen, die geplante atomare Ausrüstung der Bundeswehr zu kritisieren. Der Pontifex hatte dieses Ansinnen zu Recht als Zumutung zurückgewiesen. Die interne Rangelei im Hintergrund hatte Ulbricht von seinem polnischen Amtskollegen Gomulka erfahren, der sie wiederum von einem polnischen Bischof übermittelt bekommen hatte. Ulbricht war damit zweimal an die Öffentlichkeit gegangen, Bonn hatte nicht dementiert. Also konnte davon ausgegangen werden, daß die Nachricht zutraf.

Von all dem wußte niemand etwas in Gabun. Doch die Visum-Verweigerung durch M'ba bedeutete objektiv das Ende der aktuellen Pläne Berlins in bezug auf den Papst.

Am 21. Mai 1965 meldete sich Albert Schweitzer erneut bei Gerald Götting. In seinem Schreiben vom Vortage hatte er etwas vergessen mitzuteilen:

Lieber Freund
Aus Versehen wurde heute morgen der Brief mit dem Dank für ›Zu Gast in Lambaréné‹ fortgeschickt ohne den Dank für das schöne Buch von dem Wiederaufbau der Kirchen.
Ich liebe dieses Buch, denn man wird durch es mit vielen alten, herrlichen Kirchen Deutschlands bekannt.
Meine müde Schreibkrampfhand und meine übermüdeten Augen erlauben mir nicht zu schreiben, wie ich möchte. Aber Du sollst wissen, daß ich Dir dafür dankbar bin und noch so manchmal in diesem Buch blättern werde.
Was Du für Ausgaben gehabt hast, mir diese zwei herrlichen Bücher zu

Götting, aus einem Gehölz trinkend

schicken und zu schenken, wage ich nicht auszudenken. Daß Otto Nuschke eine große Rolle in dem Wiederaufbau der Kirchen gespielt hat, erfahre ich aus diesem Buch.
Ich schreibe Dir mit müder Hand, und blicke stets auf die Landschaft draußen. In diesen Tagen nämlich geht bei uns die Regenzeit in die sommerliche Trockenzeit über. – Dies bedeutet eine Wandlung in der Natur, die ich schon oft erlebt habe, aber immer noch von neuem erlebe. Für uns ist ja eure Sommerzeit der Winter. Ein leiser stetiger Wind begleitet diesen Übergang zur anderen Jahreszeit.
Herzlich
Dein Albert Schweitzer

Es sollte einer der letzten Brief sein, den Götting aus Lambaréné erhielt. (Der letzte traf nach Schweitzers Tod ein. Er dankte ihm darin für das »Braunbuch«, das er in einer Nacht gelesen habe. Er sei erschüttert darüber, wie viele Nazis in der Bundesrepublik wieder zu Amt und Würden gekommen seien. Die Feststellung endete mit der verzweifelten Frage: »Was soll nur werden?«) Am 4. September 1965 starb Albert Schweitzer.

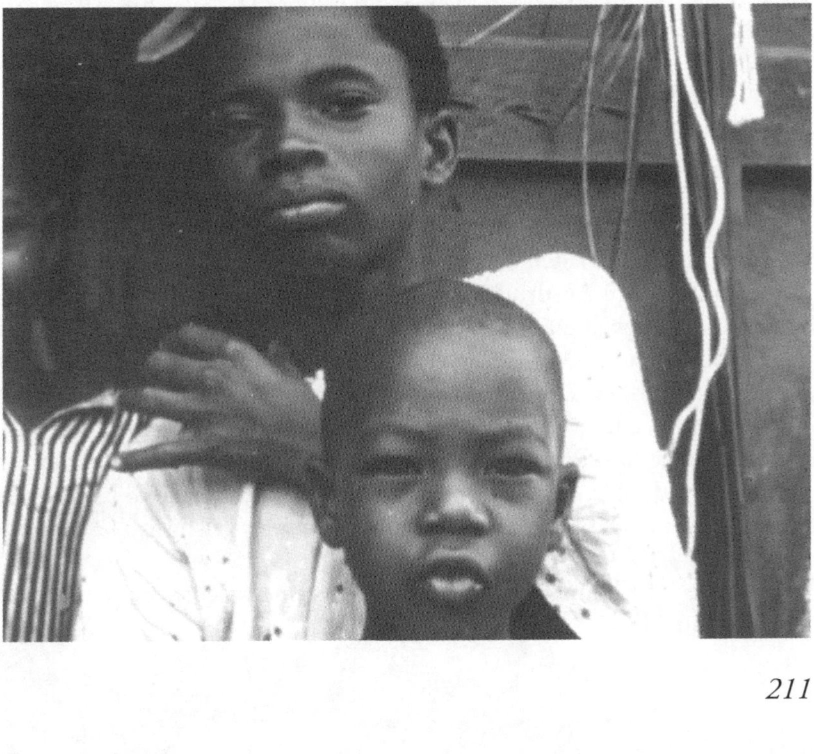

Obgleich sein Ende keineswegs überraschend kam und angesichts der dem Alter geschuldeten Gebrechen als Befreiung von den Leiden betrachtet wurde, löste sein Tod weltweit Betroffenheit und Trauer aus. Staatsoberhäupter kondolierten, Privatpersonen bekundeten der Tochter ihr Mitgefühl. Bereits am anderen Tag wurde der Leichnam der afrikanischen Erde übergeben.

Rudolf Grabs, der im Berliner Union Verlag in der Reihe *Christ in der Welt* zu Beginn der 60er Jahre eine kleine, aber gehaltvolle und viel beachtete Biographie Schweitzers (»Wegbereiter der ethischen Erneuerung«) herausgegeben hatte, fügte der dritten Auflage ein weiteres Kapitel an.

»Die vorige Auflage schloß mit dem Satz, daß für die, die den Ruf vernahmen, das Streben im Geiste der ›Ehrfurcht vor dem Leben‹ *(veneratio vitae)* Richtschnur zu sein habe.

Seitdem ist die Lebensmühe Albert Schweitzers beendet, nachdem Gottes Bote, der Tod, den bis zuletzt Unermüdlichen abberief. Für den Begnadeten ist damit das Werk nicht vollendet. Nunmehr gilt es erst recht, alle Kraft daranzusetzen, damit die geistige Wirkung immer mehr in die Breite wächst. Albert Schweitzer bleibt wohl durch sein gelebtes Beispiel als Tropenarzt im Bewußtsein vieler der selbstlose Helfer seiner schwarzen Brüder. Aber mehr noch als bislang muß sich jetzt erweisen, daß uns mit ihm ein ethischer Lehrer der Menschheit für viele Generationen erstand.

Zu den Bezeugungen seiner Lebenslehre, seiner Zielsetzung in das Land *Menschenzukunft*, gehören wenige Seiten, die er am 12. September 1961 in Lambaréné niederschrieb. Aus ihnen, die unter dem ihm so ganz entsprechenden Kennwort *Humanität* stehen, greifen wir diese Sätze heraus:

›Unter Humanität (Humanitas, Menschlichkeit) versteht man das wahrhaft gütige Verhalten der Menschen zum Nebenmenschen. In diesem Wort kommt zum Ausdruck, daß wir uns zu bemühen haben, gütig zu sein, nicht nur, weil ethisches Gebot es gebietet, sondern auch, weil ein solches Verhalten unserm Wesen entspricht. Die Humanität nötigt uns, in kleinen und großen Dingen auf unser Herz zu hören und seinen Eingebungen Folge zu leisten. Gerne möchten wir dabei stehenbleiben, nur das, was unserm vernünftigen Überlegen als gut und durchführbar vorkommt, zu tun. Aber das Herz ist ein höherer Gebieter als der Verstand. Es verlangt von uns zu tun, was den tiefsten Regungen unseres geistigen Wesens entspricht.

Das Ideal der Humanität besitzt die Menschheit nicht von jeher. Sie ist erst im Laufe der Zeiten dazu gekommen […]

Die Ehrfurcht vor allem Leben wird als selbstverständlich und völlig dem Wesen der Menschen entsprechend anerkannt. In den Schulen lernen die Kinder, sich mit der Kreatur zu befreunden. Daß wir damit von der unvollständigen zur vollständigen Humanitätsgesinnung fortschreiten und der naiven Unmenschlichkeit, in der wir noch befangen waren, entsagen, ist ein bedeutungsvolles Ereignis in der Geistesgeschichte der Menschheit. Wir fühlen uns beglückt, in völliger ethischer Erkenntnis zu wandeln.

Das erste Denkmal Schweitzers in Deutschland wurde am 1. Oktober 1968 in Weimar auf dem Kegelplatz enthüllt, weil der Geehrte eine besondere Beziehung zu Goethe hatte. Die 2,10 m große Bronzefigurengruppe schuf Gerhard Geyer (Halle). Im nebenstehenden Haus des Märchendichters Carl August Musäus (1735 bis 1787) richtete 1984 das Albert-Schweitzer-Komitee eine Gedenkstätte zu Ehren des Urwaldarztes ein.

Schlicht und unauffällig: Schweitzers letzte Ruhestätte auf dem Spitalgelände

Nun heißt es für einen jeden von uns, die vollständige Gütigkeit, die unserem Wesen entspricht, zu betätigen, daß sie als eine sich in der Geschichte auswirkende Kraft offenbar werde und das Zeitalter der Humanität heraufführe.

In der Menschheitsgeschichte von heute handelt es sich darum, ob die Gesinnung der Humanität oder die Inhumanität zur Herrschaft gelangt. Wenn es die Inhumanität ist, die nicht darauf verzichten will, unter Umständen von den grausigen Atomwaffen, die heute zur Verfügung stehen, Gebrauch zu machen, ist die Menschheit verloren. Nur wenn die Humanitätsgesinnung, für die solche Waffen nicht in Betracht kommen, die Gesinnung der Inhumanität verdrängt, dürfen wir hoffend in die Zukunft blicken.

Die Gesinnung der Humanität hat heute weltgeschichtliche Bedeutung.«

Zeittafel Albert Schweitzer

1875	Geboren am 14. Januar in Kayserberg im Oberelsaß. (Elsaß gehört bis 1918 zu Deutschland), Übersiedlung nach Günsbach. Vater Ludwig ist dort bis zu seinem Tod 1925 Pfarrer
1893	Abitur
1899	Dr. der Philosophie nach Studium der Theologie und Philosophie sowie Orgelstudium (1893-1898) in Straßburg, Paris und Berlin
1899	bis 1911 Pfarrer und Stiftsdirektor in Straßburg
1901	Dr. der Theologie, danach Dozent an der Universität Straßburg
1905	Beginn des Medizinstudiums, Promotion zum Dr. med.
1912	Ehe mit Helene Breßlau, Aufgabe des Pfarramtes
1913	Gründung des Urwaldhospitals Lambaréné in Französisch-Äqua torialafrika (seit 1960 Gabun)
1914	Am 1. August Beginn des Ersten Weltkriegs (bis 1918); Schweitzer, da Deutscher, wird wiederholt von den Franzosen interniert
1915	Die »Ethik der Ehrfurcht vor dem Leben« wird formuliert
1917	Überführung des Ehepaares Schweitzer nach Europa und Fortsetzung der Internierung in Frankreich. Entlassung nach Kriegsende, Niederlassung im nunmehr französischen Strasbourg als Vikar und Assistenzarzt
1919	Geburt der Tochter Rhena am 14. Januar
1924	Rückkehr nach Lambaréné
1928	Goethepreis der Stadt Frankfurt am Main
1939	Beginn des Zweiten Weltkrieges (bis 1945)
1950	Verleihung des Friedenspreises des Deutschen Buchhandels in Frankfurt am Main, 16. September
1951	Mitglied der Acadèmie Francais
1952	Friedensnobelpreis
1957	In Zürich stirbt am 1. Juni Ehefrau Helene mit 78 Jahren
1958	Radioappell »Friede oder Atomkrieg«, nachdem bereits im Vorjahr Radio Oslo Schweitzers Protest gegen die Atomtests verbreitet hatte
1959	Ende des letzten Europa-Aufenthaltes, 9. Dezember; Verleihung der Ehrenbürgerschaft durch die Stadt Frankfurt am Main
1965	Gestorben am 4. September in Lambaréné kurz vor Mitternacht

Kontakte, Hinweise und Institutionen

Es gibt zahlreiche Einrichtungen, die sich dem Erbe von Albert Schweitzer verpflichtet fühlen. Auf unterschiedliche, aber stets engagierte Weise tragen sie dazu bei, daß seine Ideen weiter verbreitet werden und der Friedensnobelpreisträger nicht vergessen wird.

Die vielen Albert-Schweitzer-Organisationen in Europa, Amerika und Asien haben sich zur »Association Internationale pour l'Oeuvre du Docteur Albert Schweitzer de Lambaréné« (AISL) zusammengeschlossen. Diese *Internationale Albert-Schweitzer-Vereinigung* betreibt das Zentralarchiv und ein Museum in Günsbach/Elsaß.

Maison Albert Schweitzer
F-68140 Gunsbach
Tel. 0033-389-773142
Im Internet unter: *www.schweitzer.org*

Unter dem Dach der AISL arbeitet auch das DASZ, das *Deutsche Albert-Schweitzer-Zentrum* in Frankfurt am Main. Sein Träger ist der *Deutsche Hilfsverein für das Albert-Schweitzer-Spital in Lambaréné e.V.* (DHV). Dieser wirbt Spenden ein für das Schweitzer-Krankenhauses im Gabun.

Die organisierte Unterstützung Albert Schweitzers in Lambaréné in Deutschland begann 1929. Begründer des ersten »Freundeskreises von Albert Schweitzer« war der württembergische Lehrer Richard Kik.

Als e.V. firmiert der Verein unter diesem Namen seit dem 12. Januar 1963, zuerst in Ludwigsburg registriert, dann in Frankfurt, weil Schweitzer dort mehrfach ausgezeichnet worden war (1928 Goethepreis der Stadt; 1951 Friedenspreis des Deutschen Buchhandels, 1959 Verleihung der Ehrenbürgerschaft der Stadt Frankfurt am Main).

Deutsches Albert-Schweitzer-Zentrum
Neue Schlesingergasse 22-24
D-60311 Frankfurt am Main
Tel. 069/284951
Fax: 069/2978525
Im Internet unter: *www.albert-schweitzer-zentrum.de*

In Thüringen, in der Klassikerstadt, hat die *Albert-Schweitzer-Gedenk- und Begegnungsstätte Weimar* ihren Sitz.

Albert-Schweitzer-Gedenk- und Begegnungsstätte
Kegelplatz 4
99423 Weimar
Tel. 03643 202739
Fax: 03643202775

Die Gedenkstätte ist auch Sitz des *Albert-Schweitzer-Komitees e. V.*, das hauptsächlich in den neuen Bundesländern wirkt und den »Rundbrief« herausgibt. Sie wird von einer Stiftung getragen.

Im Internet unter: *www.people.freenet.de/as-stiftung*

Die 1974 gegründete *Internationale Stiftung für das Albert-Schweitzer-Spital* (FISL) in Lambaréné ist eine private gemeinnützige Einrichtung, die in völliger Unabhängigkeit das Albert-Schweitzer-Spital betreibt und für seine Finanzierung sorgt. Auf ihrer Internet-Homepage

www.schweitzerlambarene.net

kann man sich ausführliche über Aufgaben und die aktuelle Situation im Urwaldhospital informieren.

Dem Namen und Wirken Schweitzers verpflichtet fühlt sich auch der *Albert-Schweitzer-Verband der Kinderdörfer und Familienwerke e. V.*
Er ist zu erreichen unter der Adresse:

Am Festungsgraben 1
10117 Berlin
Im Internet unter: *www.albert-schweitzer.de*

Das Forschungslabor im Albert Schweitzer Hospital hat die Adresse

Laboratoire de Recherches
Hôpital Albert Schweitzer
B.P. 118
Lambaréné
GABUN

Lambaréné wird als Kompetenzzentrum für Medizinerfortbildung im Bereich der klinischen Forschung in Afrika entwickelt. Zusammen mit der *Vienna School of Clinical Research* (VSCR), ein »assembling member« der EDCTP *(European and Developing Countries Clinical Trials Partnership)*, wird in Lambaréné ein Fortbildungsprogramm für afrikanische Mediziner angeboten. Es orientiert sich vor allem auf die sogenannten *poverty related diseases*, also HIV/Aids, Malaria und Tuberkulose.

Zusätzlich wird das Kompetenzzentrum von diesem Standort aus als *flying school* agieren und bei Bedarf auch in anderen afrikanischen Ländern Fortbildungskurse im Bereich der klinischen Forschung organisieren.

Stellen werden u. a. auch in Österreich angeboten. Im Internet unter:

www.auslandsdienst.at/sozialdienst/deutsch/stellen/stelle42.php4

Das *Albert-Schweitzer-Jugendorchester* (ASJ) ist ein Sinfonieorchester mit etwa 70 Mitgliedern im Alter von 13 bis 23 Jahren. Es wurde 1974 am *Albert-Schweitzer-Gymnasium* in Hamburg von Prof. D. Lindemann gegründet. Mehr im Internet unter

www.albert-schweitzer-jugendorchester.de; *www.asg-hh.de*

Unter dem Kürzel ASK verbirgt sich das *Albert-Schweitzer-Kolleg*, ein Studentenwohnheim in Furtwangen. Furtwangen ist eine 10.000-Seelen-Stadt im Schwarzwald; sie liegt etwa in der Mitte zwischen Freiburg im Breisgau und Villingen-Schwenningen. Ursprünglich als Schwesternheim gebaut, wurde es zum evangelischen Studentenwohnheim und untersteht nun der zentralen Verwaltung des Studentenwerks Freiburg. Mehr dazu:

www.ask.fh-furtwangen.de/index.php?id=2

Ein weiterer Namensträger, der sich dem Erbe des Urwaldarztes verpflichtet fühlt, ist das

Albert-Schweitzer-Familienwerk e.V.
Jahnstraße 2
37170 Uslar
Tel. 05571/92 430, Fax: 05571/92 43 12
Im Internet unter: : *www.familienwerk.de*

Albert-Schweitzer-Gymnasium
Dompfaffstraße 111
91056 Erlangen
Tel. 09131/758606, Fax: 09131/758608
Im Internet unter: *www.asg-erlangen.de*

Albert-Schweitzer-Schule in Kassel (ASS)
Im Internet unter: *www.ass-kassel.de*

Albert Schweitzer Gymnasium Dillingen
Karcherstraße 2
66763 Dillingen
Tel. 06831/976547; Fax: 06831/976089
Im Internet unter: *www.asg-dillingen.de*

Albert-Schweitzer-Gymnasium
Vilniuser Straße 17-19
99089 Erfurt
Tel. 0361/2628-300; Fax: 0361/2628-309
Im Internet unter: *www.asg.ef.th.schule.de*

Albert-Schweitzer-Realschule Remscheid-Lennep
Im Internet unter: *www.asrs.de*

Albert-Schweitzer-Oberschule Berlin (Gymnasium)
Karl-Marx-Str. 14
12043 Berlin
Tel. 030/6809-2422, Fax: 030-6809-2902
Im Internet unter: *www.stb-vs-devils.de/service/impressum.php*

Albert-Schweitzer-Schule
Johannesweg 27
61130 Nidderau
Tel. 06187/900893, Fax: 06187/900894
Im Internet unter: *www.as-schule.de*

Albert-Schweitzer-Gymnasium Kaiserslautern
Martin-Luther-Straße 5
67657 Kaiserslautern
Tel. 0631/36 6890, Fax: 0631/36 68945
Im Internet unter: *www.asg.region-kaiserslautern.de*

Albert-Schweitzer-Gymnasium Marl
Max-Planck-Str. 23
45768 Marl
Tel. 02365/96970, Fax: 02365/969763
Im Internet unter: *www.asg-marl.de*

Albert-Schweitzer-Gymnasium Hürth
Im Internet unter: *www.asg-huerth.de*

Albert-Schweitzer-Gymnasium
Gerhart-Hauptmann-Straße 15
71229 Leonberg
Tel. 07152/990-4102
Im Internet unter: *www.asgleonberg.de*

Albert-Schweitzer-Schule (Gemeinschaftshauptschule)
Freiheitsstraße 17-23
40599 Erkrath
Tel. 0211/24 29 44; Fax: 0211/24 13 38
Im Internet unter: *www.me.shuttle.de/me/ghs-erkrath/main.html*

Albert-Schweitzer-Gymnasium Crailsheim,
Dr.-Ascher-Weg 1
74564 Crailsheim
Tel. 07951/468048, Fax: 07951/42046
Im Internet unter: *www.asg.sha.schule-bw.de*

Albert-Schweitzer-Gymnasium
Halberstädter Str. 30
38444 Wolfsburg
Tel. 05361/873410, Fax: 05361/873425
Im Internet unter: *www.schulen.wolfsburg.de*

Albert-Schweitzer-Realschule Mayen
Joignystr. 5
56727 Mayen
Tel. 02651-97 08 20, Fax: 02651-97 08 244
Im Internet unter: *www.realschule-mayen.de*

Albert-Schweitzer-Schule, Städt. Schule für Lernbehinderte
Kampweg 11
32791 Lage
Tel. 05232/2558, Fax: 05232/65638
Im Internet unter: *www.zfl.uni-bielefeld.de/schulen/lage/156668*

Gymnasium »Albert Schweitzer«
Pleißaer Str. 10
09212 Limbach-Oberfrohna
Tel. 03722/93220
Im Internet unter: *www.gymnasium-limbach.de*

Albert-Schweitzer-Schule Oberstufengymnasium
Magazinstrasse 21
34369 Hofgeismar
Tel. 05671/99240; Fax: 05671/992425
Im Internet unter: *www.ass-hofgeismar.de*

Albert-Schweitzer-Schule Bochum
Unterstraße 66a
44892 Bochum
Tel. 0234/285259
Im Internet unter: *www. www.swin.de/bildung/ass/ass2.htm*

Staatliche Regelschule »Albert Schweitzer« Leinefelde
Planckstraße 9
37327 Leinefelde
Tel. 03605/54260; Fax: 03605 542615
Im Internet unter: *www.gsas.eic.th.schule.de*

Albert-Schweitzer-Gymnasium Gundelfingen
Kandelstraße 47
79194 Gundelfingen
Tel. 0761/58840; Fax: 0761/589184
Im Internet unter: *www.asg.fr.bw.schule.de*

Albert-Schweitzer-Gymnasium Gera
Zeulenrodaer Straße 7-9
07549 Gera
Tel. 0365/34190
Im Internet unter: *www.asgymgera.de*

Albert-Schweitzer-Gymnasium in Mühlhausen
Damaschkestraße 25
99974 Mühlhausen
Tel. 03601/447412; Fax: 03601/447406
Im Internet unter: *www.th.schule.de/uh/asg/*

4. Mittelschule »Albert Schweitzer«
Ernst-Heim-Str. 28
02977 Hoyerswerda
Tel. 03571/97 88 02
Im Internet unter: *www.schulclub.vierte-mittelschule.de*

Albert-Schweitzer-Gymnasium
Beim Käppele 8
89150 Laichingen
Tel. 07333/96520; Fax: 07333/965222
Im Internet unter: *asg.laichingen.de*

Albert-Schweitzer-Schule
Schwanenweg 3
69123 Heidelberg
Tel. 06221/700032; Fax: 06221/779387
Im Internet unter: *www.albert-schweitzer-schule-hd.de*

Albert-Schweitzer-Gymnasium
Gymnasiumstraße 6
74172 Neckarsulm
Tel. 07132/96300; Fax: 07132/963040
Im Internet: *www.asgnsu.hn.bw.schule.de*

Albert-Schweitzer-Schule
Äußere Bad-Straße 30
95448 Bayreuth
Tel. 0921/792970; Fax: 0921/7929715
Im Internet unter: *www.ass-bayreuth.de*

Inhalt